Christina Sondermann

Einfach schnüffeln!

Nasenspiele für den Hundealltag

2., aktualisierte Auflage
200 Farbfotos

Ulmer

Inhalt

Schön, dass Sie hereinschnuppern

Herzlich willkommen

... im vielleicht einfachsten Schnüffelbuch der Welt! Schön, dass Sie hereinschnuppern. Sie tun das bestimmt, weil Sie Lust darauf haben, gemeinsam mit Ihrem Hund eine gute Zeit und viele fröhliche Momente zu erleben. Und vermutlich auch, weil Sie erkannt haben, wie wichtig ein gesundes Maß an Beschäftigung für das Wohlergehen Ihres Vierbeiners ist.

Das Anliegen dieses Buches: Ihnen zu zeigen, wie spielend einfach das gehen kann!

Sie finden hier deshalb nur ganz unkomplizierte Schnüffelspiele,

- die Sie ohne Vorkenntnisse und ohne spezielles Training sofort umsetzen können,
- von denen Sie vielleicht oftmals gar nicht gedacht hätten, dass sie überhaupt Beschäftigung für Ihren Hund sein können,
- und die auch ideal sind für den ganz normalen Alltagstrott: für all jene Tage, an denen keine Zeit für ein spezielles Beschäftigungsprogramm zu bleiben scheint.

Sie erfahren zum Beispiel, warum das sprichwörtliche „Zeitunglesen“ bereits ein tolles Hobby für Ihren Hund ist.

Das Zubehör für sämtliche Spiele haben Sie bereits zu Hause, Sie müssen nichts extra anschaffen.

Die beste Nachricht: Alle können mitschnüffeln – vom Welpen bis zum Hunde-Opa, vom Mops bis zum Mastiff, vom vierbeinigen Athleten bis zum Hund mit Handicap. Und auch die Kids können mit-

Herzlich willkommen! Hier gibt es eine Menge zu erschnüffeln!

machen, denn die Spiele sind absolut familientauglich.

Also: Auf die Nase, fertig, los – und viel Spaß beim Entdecken der Möglichkeiten!

Wie Sie dieses Buch benutzen

Anschauen und loslegen – so ist das Buch gedacht.

Und trotzdem: Getreu dem Motto „Ideen sind gut – Anleitungen sind besser" sind auch die einfachsten Spiele immer so ausführlich erklärt, dass Sie und Ihr Vierbeiner zurechtkommen werden. Ein kleines bisschen Hintergrundwissen ist auch noch dabei – gerade so viel, wie für Sie interessant und nützlich ist.

Wenn Sie lieber schnell schnüffeln als lang lesen möchten: Schauen Sie sich die Ideen an und lassen Sie sich von den Bildern inspirieren. Und falls Sie dann mehr wissen wollen oder es bei der Umsetzung „hakt", lesen Sie genauer nach.

> Nützliche Tipps, Zusatzinfos und Hintergrundwissen finden Sie in den unterlegten Kästen und in den mit **EXTRA** und ! gekennzeichneten Textblöcken.

Sie können das Buch querbeet durcharbeiten. Steigen Sie ein, wo immer Sie wollen und picken Sie sich die Kapitel und Spiele heraus, die Sie interessieren. Wann immer Vorwissen aus anderen Teilen des Buches hilfreich und nützlich ist, werden Sie separat darauf hingewiesen.

Alles klar? Dann starten Sie durch!

Sie lernen, wie Mahlzeiten im Nu zum Schnüffelspaß werden ...

... oder wie Sie Ihre Spaziergänge mit fröhlichen Nasenspielen aufpeppen können.

Sie und Ihr Hund haben den richtigen Riecher? Dann auf zum Kamille-Schnupperkurs!

Gestatten – Superschnüffler

Hereinspaziert in die Galerie der Supernasen. Die Vierbeiner, die hier Ihre Riechorgane in die Kamera halten, haben allesamt am Buch mitgewirkt. Jeder von ihnen ist Schnüffelexperte. Aber: Keiner von ihnen ist ein Ausnahmetalent. Sie alle sind schlichtweg Hunde – und denen hat die Natur das Schnüffeltalent bereits in die Wiege gelegt.

Wie Hunde ihre Welt erschnüffeln

Hunde leben in einer Welt der Düfte. Sie erkunden ihre Umwelt zu einem Großteil mit der Nase. Wie das aussieht, wissen Sie aus dem Alltag mit Ihrem persönlichen Schnüffelexperten nur zu gut: wenn er beispielsweise an der Straßenlaterne geheime Botschaften zu entschlüsseln scheint oder einer für uns unsichtbaren Spur folgt, als wäre sie mit roter Farbe auf den Weg gemalt. Oder wenn Sie es sofort an Ihrem Rüden merken, dass die nette Hundedame sechs Straßen weiter läufig ist.

Während wir Zweibeiner unsere Welt überwiegend mit den Augen wahrnehmen, sind Hunde echte Nasentiere. Überlegen Sie: Was tut Ihr Hund, wenn ihm etwas Neues begegnet? Richtig! Er geht hin und hält als erstes seine Nase daran, um eine ordentliche Duftprobe zu nehmen. Das würde uns Menschen nie in den Sinn kommen. Auch daran können Sie erkennen, um wie viel intensiver das Geruchserleben der Hunde ist – und dass wir im Vergleich zu ihnen fast geruchsblind sind.

EXTRA: Wie es sich anfühlt, ein Nasentier zu sein – oder: was Hunde an einer Rose erschnuppern

„Stellen Sie sich vor, jedem Detail unserer visuellen Welt entspräche ein Geruch. Vielleicht riecht jedes Blütenblatt einer Rose anders, weil Insekten darauf gelandet sind, die Pollen von anderen Blüten mitschleppten. Was für uns bloß ein Stängel ist, steckt tatsächlich voller Informationen darüber, wer ihn schon in der Hand gehalten hat (und wann). Ausströmende Substanzen verraten, wo ein Blatt abgerissen wurde. Das im Vergleich zum Blattgewebe prallfeuchte Blütenblattgewebe riecht wiederum anders. Die Falte eines Blattes hat einen eigenen Geruch, ebenso ein Tautropfen auf einem Dorn. Und auch die Zeit lässt sich in

Nachwuchsnase: Mit 14 Wochen die Jüngste im Buch und schon mit Feuereifer dabei – Kiwi.

Aktivrentner-Nase: 15 Jahre und kein bisschen schnüffelmüde – Ronja.

Langnase: Damit hat Queenie immer die Nase vorn!

Details ablesen: Wir können **sehen**, *dass eines der Blütenblätter welk und braun wird; ein Hund* **riecht** *diesen Zerfalls- und Alterungsprozess. Stellen Sie sich vor, Sie würden jede noch so winzige visuelle Einzelheit riechen. So ungefähr erlebt ein Hund eine Rose.“*
Alexandra Horowitz, in „Was denkt der Hund?“, Spektrum Verlag 2012, S. 88/89

Was Hundenasen können

Dass uns Menschen solche Duftwelten weitgehend verschlossen bleiben, ist kein Wunder: besitzen unsere Vierbeiner doch ein Riechorgan mit einer Top-Ausstattung, das unserem menschlichen haushoch überlegen ist. Hunde haben eine viel größere Riechschleimhaut, ein Vielfaches mehr an Riechsinneszellen, ein erheblich größeres „Riechhirn“ (das ist der Teil des Gehirns, der für die Verarbeitung von Gerüchen zuständig ist) und eine bessere genetische Ausstattung für die Wahrnehmung von Düften.

EXTRA: Hätten Sie's gewusst? Interessantes rund um die Hundenase

Der Mensch kann rund 10.000 unterschiedliche Düfte auseinanderhalten und in seinem Gedächtnis speichern – der Hund vermutlich über 1 Million ...

- Hunde können Buttersäure (einer der Hauptinhaltsstoffe von Schweiß) 1 Million Mal besser riechen als wir Menschen, Harnsäure 2 Millionen Mal besser und Essigsäure 100 Millionen Mal besser!
- Hunde sind nicht nur Experten darin, verschiedenste Düfte auseinanderzuhalten: Sie können auch die geringsten Konzentrationsunterschiede ein und desselben Geruchs voneinander unterscheiden. Das bedeutet zum Beispiel, dass sie die Richtung einer Spur am Geruch erkennen können.
- Hält ein Geruch eine Zeit lang an, dann gewöhnen wir Menschen uns daran – bei Hunden ist das nicht der Fall! Sie frischen den Duft in ihrer Nase ständig auf!
- Faustregel: Je länger die Hundeschnauze, desto besser das Geruchsvermögen. Doch selbst kurznasige Hunde sind uns um Längen voraus.
- Hunde können Düfte auch „schmecken“: Über das sogenannte „Jacobsonsche Organ“, welches sich im Gaumen befindet, können in Flüssigkeit gelöste Geruchsstoffe aufgenommen werden.
- Wenn Hunde schnüffeln, dann machen sie bis zu 300 Atemzüge pro Minute.
- Obwohl auch bei der Nasenleistung Alterungsprozesse auftreten: Das Geruchsvermögen bleibt den Hunden meist wesentlich länger erhalten als das Augenlicht oder das Gehör.

Wie gut Hunde riechen können, interessiert die Wissenschaft schon seit Langem. Zwei anschauliche Beispiel für das, was Messungen und Laborversuche herausgefunden ha-

Dienstnase: Seine Verwandten schnüffeln häufig im Auftrag der Polizei – Quinn.

ben: Auch Ihr Hund wäre mit etwas Übung vermutlich in der Lage, auf einem Sandstrand von 500 m Länge, 50 m Breite und 50 cm Tiefe zwei versteckte Sandkörner wiederzufinden. Oder er könnte einen faulen Apfel aus zwei Milliarden Fässern voller Äpfel herausfinden. Das ist doch ganz schön dufte – oder?!

Hunde als Profischnüffler

Kein Wunder also, dass die Hunde uns Menschen schon seit langer Zeit als Profischnüffler wertvolle Dienste leisten. Mit Sicherheit denken auch Sie dabei sofort an Rettungshunde, die vermisste Menschen in Trümmerfeldern aufspüren, große Flächen nach ihnen durchkämmen oder als sogenannte „Mantrailer“ ihre Spur verfolgen. Und bestimmt wissen Sie auch von Drogen- oder Sprengstoffsuchhunden, die im Dienste der Polizei stehen. Doch die Einsatzbereiche der vierbeinigen Spezialisten sind noch vielfältiger:

- Sogenannte „Beagle-Brigaden“ sind in den USA an Grenzübergängen, Häfen und Flughäfen im Einsatz. Die kleinen bunten Hunde sind darauf trainiert, illegal eingeführte Lebensmittel, Pflanzen- und Tierteile zu suchen und anzuzeigen.
- Als „Pet-Trailer“ heften sich entsprechend ausgebildete Suchhunde an die Spuren von entlaufenen Haustieren – und sind selbst nach mehreren Tagen noch in der Lage, deren Witterung aufzunehmen und zu verfolgen.
- Forscher bringen seit einiger Zeit Hunden bei, Gerüche anzuzeigen, die von entarteten Zellen gebildet werden. Aktuelle Studien demonstrieren, dass Hunde Haut-, Brust-, Blasen- und Lungenkrebs mit ziemlicher Sicherheit erkennen können.
- Als Diabetikerwarnhunde riechen Hunde die Unterzuckerung ihres Besitzers – und werden darauf trainiert, im Notfall die erforderlichen Dinge zu er-

Jagdnase: Er ist glücklich, wenn er schnüffeln darf – Darcy.

ledigen (beispielsweise Hilfe zu holen oder Notfallmedikamente zu bringen).

- Der Einsatz speziell ausgebildeter Schimmelspürhunde gilt als eine der effektivsten Methoden, versteckten Schimmelpilzbefall in Häusern ausfindig zu machen.
- Auch das Training von Borkenkäferspürhunden hat sich als vielversprechend erwiesen, um befallene Bäume frühzeitig erkennen und entfernen zu können.

Und es gibt noch viel mehr vierbeinige Duftdetektive. Natürlich müssen die Profis allesamt eine spezielle Ausbildung durchlaufen. Aber: Sie lernen dort in erster Linie, auf welchen Geruch sie sich spezialisieren sollen und was zu tun ist, wenn sie ihn erkennen. Das Schnüffeln an sich muss ihnen niemand mehr beibringen. Das liegt ihnen im Blut – genau wie Ihrem Hund!

Nase in Mini: Von wegen Schoßhund – beim Schnüffeln wird Lucy zum Arbeitstier.

Machen Sie was draus!

Sie betrachten nach dem Lesen dieser Zeilen die Nase Ihres Hundes mit ganz anderen Augen? Das ist gut so, denn Sie wissen jetzt: Sie haben ein echtes Schnüffelgenie im Haus. Und in unserer Galerie der Supernasen könnte locker auch Ihr Hund seinen Platz finden.

Viele Hundebesitzer nutzen das Talent Ihrer Vierbeiner bereits – und haben viel Freude daran, es den Profischnüfflern nachzutun. Ihre Hunde finden versteckte Familienmitglieder, suchen riesige Flächen nach ihrem Lieblingsspielzeug ab oder haben gelernt, im Wald Steinpilze zu erschnüffeln. Allesamt tolle Aktivitäten, die viel Spaß machen und gar nicht schwer zu erlernen sind. Es gibt dazu auch wunderbare Anleitungen. Aber das alles sollte Ihnen jetzt nicht den Schweiß auf die Stirn treiben. Denn: Es geht auch ganz einfach. Wie, das erfahren Sie in diesem Buch.

Also, auf zum fröhlichen Schnüffeln – Ihr Hund ist wie gemacht dafür!

Spaß mit Nase – Spaß mit Köpfchen

Mit Nasentempo 300 im Schnüffelspiel unterwegs: Das macht Spaß …

Sie wissen jetzt, wie gut Ihr Hund riechen kann. Und was liegt näher, als seine natürliche Begabung ins alltägliche Beschäftigungsprogramm einzubeziehen? Es wird Sie freuen, dass es eine Menge guter Gründe dafür gibt, genau das zu tun.

Beschäftigung auf Hunde-Art

Sie können es sich bestimmt vorstellen: Wenn man ein besonderes Talent hat, dann macht es glücklich und zufrieden, das ausleben zu dürfen. Und so geht es auch dem vierbeinigen Nasentalent in Ihrem Haushalt. Wenn Sie ihm Schnüffelspiele bieten, dann schenken Sie ihm ein Stück Wohlergehen und Lebensqualität. Experten würden das als „Beitrag zur Optimierung der Haltungsbedingungen“ bezeichnen. Lange Rede, kurzer Sinn: Spricht man von artgerechter Beschäftigung, dann sind Schnüffelspiele ganz vorne dabei!

… und das macht müde! Birte braucht nach dem Schnüffeln ein Schläfchen.

Schnüffelei macht hundemüde!

Erinnern Sie sich noch? Wenn Hunde schnüffeln, dann atmen sie dabei bis zu 300 Mal in der Minute, um Gerüche aufzunehmen. Allein das ist schon anstrengend. Und: Mit der bloßen Aufnahme der Geruchspartikel ist es nicht getan. All diese Sinneseindrücke wollen auch verarbeitet werden. Dies geschieht im Gehirn – und das läuft beim Schnüffeln auf Hochtouren. Nasenspiele sind deshalb echtes Gehirnjogging. Wie anstrengend Kopfarbeit ist, das wissen Sie aus Ihrem eigenen Alltag bestens: Sie müssen nicht Sport getrieben haben, um abends schachmatt zu sein. Auch konzentrierte Schreibtischarbeit oder eine Flut neuer Eindrücke auf einer Urlaubsreise beispielsweise tragen dazu bei. Von daher: Schnüffeln macht hundemüde – und sorgt für zufriedene, ausgelastete Vierbeiner.

Immer der Nase nach – immer mit der Ruhe

Hätten Sie das gedacht? Beschäftigungsmöglichkeiten können ganz unterschiedlich wirken – und nicht alle bescheren uns einen ruhigen und ausgeglichenen Familienhund.

Vielleicht kennen Sie einen Vierbeiner, der regelrecht ballverrückt ist? Dann haben Sie vermutlich schon erlebt, was gemeint ist: Sie werfen und werfen und werfen ... und der Hund scheint nie genug zu bekommen. Sie möchten ihn „auspowern“ – aber er dreht noch mehr auf. Auch nach dem Ende des Spiels hat dieser Vierbeiner Mühe, zur Ruhe zu kommen. Vielleicht fällt es ihm danach schwer, an der Leine zu gehen oder sich entspannt auf

Beschäftigung, die aktiviert: Das Spiel mit dem Ball dreht Bossi auf.

seine Decke zu legen. Einige Hunde reagieren ähnlich auf wilde Rennspiele oder rasanten Hundesport.

Natürlich ist gegen ein bisschen Action im Hunde-Alltag überhaupt nichts einzuwenden. Aber: Weder für den Hund noch für seine Menschen ist es schön, wenn der Vierbeiner ständig auf „180“ ist. Gerade unruhige Geister profitieren deshalb besonders von Beschäftigungsmöglichkeiten, die ihnen dabei helfen, herunterzufahren. Sie ahnen es schon: Dazu gehören – Schnüffelspiele!

Wann immer Sie also möchten, dass Ihr Hund in eine ruhigere Grundstimmung gerät, dann sollten Sie Schnüffelspiele in sein Beschäftigungsprogramm aufnehmen. Schnüffelspiele eignen sich auch gut als entspannende Auflockerung im Hundeschul-Training oder im Anschluss an eine

Das macht Bossi ruhiger: ein Futtersuchspiel mit Naseneinsatz.

aufregende Hundesport-Einheit. Auch wenn Ihr Vierbeiner auf dem Spaziergang ein Zappelphilipp ist und draußen vor Aufregung kaum weiß wohin, können Schnüffelspiele helfen.

Weil viele der Spiele in Verbindung mit Futtersuche stehen, schlagen Sie gleich zwei Fliegen mit einer Klappe, denn das Kauen und Schlucken beruhigt zusätzlich!

Und wenn Ihr Hund schon ein ganz ruhiger ist? Dann herzlichen Glückwunsch zum ausgeglichenen Familienbegleiter – und trotzdem viel Spaß beim Schnüffeln! Ihr Vierbeiner wird begeistert vom neuen Hobby sein!

Schnüffelspaß statt Jagdfieber

Gehören Sie zu den Hundebesitzern, die einen vierbeinigen Jäger an ihrer Seite haben? Einen, der Wild schon hunderte von Metern gegen den Wind wittert und schnell in Versuchung gerät, einen eigenständigen Jagdausflug zu unternehmen? Dann runzeln Sie vielleicht ein wenig die Stirn bei dem Gedanken, die Hundenase noch mehr auf Schnupperkurs zu bringen. Obwohl: Sie wissen es vermutlich längst besser, denn sonst hielten Sie jetzt gar nicht dieses Buch in Ihren Händen. Und Recht haben Sie! Denn die Experten sind sich weitgehend einig: Schnüffelspiele heizen die Jagdleidenschaft nicht noch mehr an. Im Gegenteil: Sie ermöglichen es dem Hund, das Jagdfieber sozusagen „kontrolliert“ auszuleben. Deshalb stellen Schnüffelspiele gerade für jagdbegeisterte Vierbeiner eine wertvolle Ersatzbeschäftigung dar und sind schon lange zum wichtigen Bestandteil des zeitgemäßen Antijagdtrainings geworden.

Besser den Futterbeutel suchen als das Wild aufstöbern: Schnüffelspiele sind eine wertvolle Ausgleichsbeschäftigung für Jagdhunde.

Drei, die gemeinsame Sache machen: So sieht Beziehungs- und Bindungsarbeit aus!

Und mal ganz ehrlich: Das Schnüffeln und Stöbern beherrschen unsere Hunde doch ohnehin bereits in Perfektion. Sie glauben doch nicht wirklich, dass wir geruchsblinden Menschen ihnen da noch auf die Sprünge helfen könnten?

Dufte Beziehungsarbeit

Auch wenn Sie Ihrem Hund beim Schnüffeln nicht viel helfen können: Ihr Hund erlebt diese Dinge mit Ihnen zusammen! Sie sind es, die das Schnüffelspiel vorbereiten und ermöglichen – und die ihn dabei ermutigen und anfeuern. Sie beide haben jede Menge Spaß und feiern gemeinsam die Erfolge. Ihr Hund wird Sie dafür lieben – und Sie werden so manches Mal begeistert davon sein, was er alles kann. So etwas schweißt zusammen und ist echte Beziehungs- und Bindungsarbeit – eine gute Basis für ein harmonisches und freudvolles Zusammenleben!

Ein angenehmer Nebeneffekt Ihrer Beziehungsarbeit, den Sie vermutlich schnell im Alltag wahrnehmen: Es ist sehr wahrscheinlich, dass Sie für Ihren Hund noch interessanter werden, dass er noch aufmerksamer und ansprechbarer wird und gerne Ihre Nähe sucht. Das klingt doch gut, oder?

Auf die Nase, fertig, los: Tipps für den Start

Keine Sorge: Die Spielregeln für das Schnüffeln sind denkbar einfach. Die meisten Spiele sind selbsterklärend, und Sie können sofort loslegen. Sie finden an dieser Stelle bloß ein paar Antworten auf häufige Fragen und einige nützliche Tipps. Wenn Sie Lust haben, lesen Sie sie jetzt. Wenn Sie mögen, können Sie sich aber auch direkt ins Schnüffelvergnügen stürzen und kommen später wieder hierhin zurück. Auch wenn die Dinge mal nicht so „rund" laufen, können Sie hier nachschlagen.

Wie viel – wie oft – wie lange?

Ein gesundes Maß an Beschäftigung tut Hunden gut. Das wissen Sie alle. Doch was ist das „gesunde Maß"? Und welche Rolle spielen Schnüffelspiele dabei?

Wie viel Beschäftigung braucht mein Hund überhaupt?

Man sagt: Ein durchschnittlicher Hund braucht insgesamt 2 Stunden Bewegung und Beschäftigung pro Tag. Das ist nur eine grobe Richtschnur, die je nach Rasse oder Alter variieren kann. In die zwei Stunden einzurechnen sind zum Beispiel: Spaziergänge, Spiel und Spaß, Training und Hundesport, Ausflüge in neue Umgebungen, Besuch bekommen und Besuche machen – also alles, was Abwechslung bringt. Sie sehen: So viel ist das gar nicht – und Sie haben jede Menge Möglichkeiten, diese Zeitspanne auszufüllen. Ideal ist eine gesunde Mischung aus Aktivitäten, die den Hund nicht nur körperlich auslasten, sondern auch dem Kopf etwas zu tun geben. Sie werden sehen: Mit Schnüffelspielen können Sie beides kombinieren.

Und wie viel darf geschnüffelt werden?

Orientieren wir uns doch an den Profis: Selbst geübte Rettungshunde beispielsweise suchen im Regelfall nicht länger als 15 bis 20 Minuten am Stück. Sie brauchen dann eine längere Pause. Und so gilt auch für unsere Familienschnüffler: Wann immer es Teil des Spiels ist, gezielt etwas zu suchen (zum Beispiel eine Hand voll ausgestreuten Futters in einer Schnüffelkiste oder eine Würstchenspur), dann reichen schon ein paar Minuten aus, um den Hund zu ermüden. Berücksichtigen Sie das und gönnen Sie Ihrem Vierbeiner ausreichend lange Pausen zwischen den einzelnen Schnüffeleinheiten.

Warum ist es auch wichtig, dass mein Hund genug Ruhe hat?

Es wird Sie vielleicht wundern, dies in einem Beschäftigungsbuch zu lesen: Aber mindestens genauso wichtig wie Aktivität und Abwechslung sind Ruhephasen im Hundeleben. Hunde haben ein viel höheres Schlaf- und Ruhebedürfnis als wir Menschen – rund 15–20 Stunden täglich! Selbst die „Arbeitstiere" unter ihnen brauchen dies, um ausgeglichen zu sein. Ihnen das zu ermöglichen, ist für uns Hundebesitzer genauso wichtig, wie den Vierbeinern Beschäftigung zu bieten. Sie merken schon: Non-Stop-Action ist gar nicht gefragt. Im Gegenteil: Es ist sogar gut, dafür zu sorgen, dass das Beschäftigungsprogramm nicht zum Freizeit-Stress ausartet.

Alles Futter, oder was?

Nicht alle, aber viele der einfachen Schnüffelspiele drehen sich darum, dass der Hund nach verstecktem Futter sucht. Das funktioniert nicht nur wie von selbst, sondern tut den Hunden auch gut. Warum das so ist und welches Futter Sie wie einsetzen können, das erfahren Sie hier.

Wieso denn überhaupt Futter?

Es gibt immer wieder Hundebesitzer, die zunächst skeptisch sind, Futter in Spiel oder Training einzusetzen und ihre Hunde dafür „arbeiten“ zu lassen. Dabei profitieren die Hunde davon! Schließlich haben auch die wild beziehungsweise selbstbestimmt lebenden Vorfahren unserer Hunde einen Teil ihres Tages damit verbracht, nach Nahrung zu stöbern. Wenn wir es unseren Haushunden ermöglichen, sich ihr Futter – zumindest teilweise – zu erarbeiten, dann ist das artgerecht und leistet einen Beitrag zum Wohlbefinden! Übrigens hat man das auch in Zoos längst erkannt: Ein Baustein, um die Haltungsbedingungen für die Zootiere zu verbessern, ist, die Nahrungsaufnahme interessanter zu gestalten. Die Tiere müssen kleine Aufgaben lösen, um an ihr Futter zu kommen – und gewinnen dadurch deutlich an Lebensqualität. Aber grau ist alle Theorie: Schauen Sie sich einfach Ihren Hund an. Seine Begeisterung fürs Futterschnüffeln ist mit Sicherheit ansteckend.

Es ist angerichtet – eine Auswahl von Leckereien, die Sie für die unterschiedlichen Schnüffelspiele verwenden können. Von oben im Uhrzeigersinn: eine wiederbefüllbare Futtertube, ein gefüllter Kong, eine Tube Hunde-Leberwurst, diverse Kau-Artikel, Trockenfutter in verschiedenen Größen, Fleischwurst erbsengroß geschnitten, Hundekekse.

Gleiche Ration, fast siebenfacher Schnüffelspaß: Das Mittagessen für Lucy einmal in kleinen Bröckchen (Gläschen links, rund 200 Stück), einmal in „Normalgröße" (Gläschen rechts, nur 30 Bröckchen).

Spezialtipp für Kleinhund-Besitzer
Je kleiner die Bröckchen, desto mehr Schnüffelspaß kann auch dem Mini gegönnt werden – denn seine Tagesration ist naturgemäß begrenzt. Schauen Sie deshalb, ob es das Futter nicht auch in noch kleinerer Krokettengröße gibt oder ob Sie die Futterbröckchen noch einmal durchbrechen können.

Macht das nicht dick?

Im Idealfall setzen Sie für Ihre Schnüffelspiele das ganz normale Futter Ihres Hundes ein – also das, was Sie ihm sonst im Napf serviert hätten. Besonders, wenn Sie Trockenfutter verwenden, funktioniert es gut, bereits morgens die Tagesration abzumessen und an die Seite zu stellen. Dann wissen Sie genau, wie viel Sie für Spiel und Training einsetzen können. Denken Sie daran: Extra-Leckerlis müssen natürlich von der Tagesration abgezogen werden.

Wer frisch oder aus der Dose füttert: Für manche Schnüffelspiele eignet sich auch feuchtes Futter gut. Für Spiele, bei denen trockene Bröckchen am günstigsten sind, bieten sich selbstgebackene Hundekekse als gesunde Alternative und Teil der Tagesration an.

Mein Hund frisst gar nicht gerne – was tun?

Ihr Hund ist kein besonders guter Fresser und freut sich nicht übermäßig über sein Futter? Sie lassen deshalb den ganzen Tag einen gefüllten Napf für ihn stehen, aus dem er sich dann und wann mal mit wenig Begeisterung bedient? Probieren Sie, ob Sie das ändern können: Testen Sie zunächst aus, ob es eine Futtersorte gibt, die Ihrem Hund noch besser schmeckt – und die lassen Sie künftig nicht mehr einfach herumstehen. Geben Sie ihm die Chance, sich sein Futter zu verdienen: als Belohnung für kleine Übungen und Tricks – oder eben durch Schnüffelspiele. Ganz häufig werden Hunde dadurch zu besseren Fressern. Seien Sie sicher: Sie schenken Ihrem Hund ein Stück Lebensqualität, wenn er sich künftig wieder über sein Fressen freut.

Und was schmeckt außerdem?

Sie kennen das ja: Besondere Situationen erfordern besondere Maßnahmen. Und so ist es eine gute Idee, je nach Situation mit der Art des eingesetzten Futters im wahrsten Sinne des Wortes zu spielen. Hier ein paar Variationsmöglichkeiten:

- Unschlagbar verführerisch – Fleischwurst und Co: Ist Ihr Hund noch ein Schnüffel-Anfänger? Ist er besonders schüchtern und traut sich an neue Herausforderungen nicht recht heran? Oder ist er manchmal, zum Beispiel draußen mit viel Ablenkung, viel zu aufgeregt, um das „normale" Futter fressen zu können? Dann probieren Sie, zunächst besonders attraktives Futter einzusetzen. Die Düfte von Fleischwurst, Putenfleisch, Käse und Co sind aus Hundesicht unwiderstehlich. Schneiden Sie die Bröckchen maximal erbsengroß (Schneidetechnik ähnlich wie beim Zwiebelschneiden) – dann schadet's auch nicht der schlanken Linie.

- Unschlagbar klebrig – Tubenwurst und Scheiblettenkäse: Sie können es sich jetzt vielleicht noch nicht vorstellen – aber Sie werden Schnüffelspiele kennenlernen, bei denen Sie das zu suchende Futter regelrecht „festkleben" müssen: zum Beispiel an Baumstämmen, Mauern und großen Steinen. Allein deshalb lohnt es sich, immer eine Tube Hunde-Leberwurst griffbereit zu haben (wobei Sie bei Metalltuben bitte äußerst vorsichtig sind, dass diese niemals Ihrem Hund in die Fänge geraten). Auch Scheiblettenkäse klebt gut. Und wer sich lieber die eigene Mischung zusammenstellen will: Schon lange erfreuen sich wiederbefüllbare Camping-Tuben bei Hundebesitzern großer Beliebtheit. Darin lassen sich weitere „Klebstoffe" wie zum Beispiel Feuchtfutter oder ein Leberwurst-Quark-Gemisch bequem transportieren.
- Unschlagbar gesund – Hundekekse selbstgebacken: Sie möchten kein Trockenfutter für Ihre Suchspiele einsetzen oder wollen Ihrem Hund einfach eine leckere Abwechslung bieten? Dann sind selbstgebackene Hundekekse Ihre erste Wahl. Sie haben volle Kontrolle über die Zutaten und können das verwenden, was Ihrem Hund schmeckt und gut bekommt. Eine Fundgrube für Hundekeks-Rezepte ist das Internet. Oder Sie kaufen sich eines der speziellen Backbücher zum Thema. Am besten für den Suchspaß: Kekse, die Sie gut in kleine Stücke zerbrechen können.

Erst suchen, dann nagen – was für ein Genuss! Ein erschnüffelter Kau-Artikel besitzt gleich doppelten Beschäftigungseffekt.

- Unschlagbar langer Genuss – versteckte Kau-Artikel: Anstatt immer nur kleine Bröckchen zu verstecken, können Sie Ihren Hund ab und an auch mit Kauknochen, gefüllten Kongs (Kongs sind stabile Naturkautschuk-Kegel, die Sie mit Futter in allen Variationen stopfen können) und anderen Kau-Artikeln überraschen. Der Vorteil ist Beschäftigung im Doppelpack – denn nach dem Schnüffeln wird sich Ihr Vierbeiner für eine Weile zum genüsslichen Kauen, Schlecken und Nagen zurückziehen.

Gibt's sonst noch Tipps für Spaß und Erfolg?

Gut möglich, dass Sie sich irgendwann im Laufe der Schnüffelkarriere Ihres Hundes die folgenden Fragen stellen. Hier sind die Antworten!

Was tun mit dem Hund, während ich was verstecke?

Viele Schnüffelspiele erfordern es, dass zunächst Futter (oder auch ein interessantes Spielzeug) versteckt wird. Gerade zu Beginn ist es wichtig, dass der Hund dabei zuschauen darf – so klappt die Suche ganz von selbst. Leichter gesagt, als getan, mögen Sie denken. Denn nicht alle Hunde warten geduldig, bis das Suchspiel vorbereitet ist. Am elegantesten ist es, wenn Ihr Hund ein zuverlässiges „Warte" oder „Bleib" beherrscht, mit dem Sie ihn zurückhalten können. Wenn Ihr Hund das noch nicht kann und ständig seine Nase in Ihre Spielvorbereitungen hineinsteckt: Sehen Sie davon ab, seine und Ihre Nerven mit meist wirkungslosen „Neins" und „Pfuis" zu strapazieren. Das macht nicht nur wenig Spaß, sondern vermittelt Ihrem Hund womöglich auch, das Spiel sei verboten! Greifen Sie lieber zu intelligenteren Lösungen:

- Gibt es einen netten zweibeinigen Assistenten, der Ihnen behilflich ist? Dann kann er den Hund vorsichtig festhalten, während Sie das Spiel vorbereiten (oder umgekehrt).
- Sie können auch probieren, Ihren Vierbeiner selbst festzuhalten, während Sie ein Suchspiel mit Futter bestücken. Das funktioniert am besten, wenn Ihr Hund

So geht's ganz einfach: Bravy wird vorsichtig an Leine und Brustgeschirr festgehalten, während für ihn ein Suchspiel vorbereitet wird.

ein Brustgeschirr trägt: Mit einer Hand greifen Sie in den Steg und haben den Hund gut im Griff, mit der anderen Hand legen oder streuen Sie das Futter aus.

- Alternativ können Sie Ihren Hund an der einen Hand regelrecht „festfüttern", während die andere Hand das Spiel vorbereitet: Nehmen Sie dafür mehrere Futterbröckchen in die Hand, lassen Sie Ihren Hund daran schnuppern und geben Sie immer gerade so oft ein Bröckchen frei, dass Ihr interessierter Hund an der Hand „kleben" bleibt.
- Manchmal hilft auch etwas ausgestreutes Futter, das der Hund aufsammelt, während der Mensch das nächste Suchspiel vorbereitet.
- Wenn Ihre Verstecke weiter als auf Armlänge entfernt sind: Sie können Ihren Hund während der Vorbereitungen einfach anbinden. Verwenden Sie dabei unbedingt ein Brustgeschirr. Am Halsband besteht Verletzungsrisiko, wenn der Hund doch mal in die Leine springt.
- Schnüffelkisten und ähnliche Futterverstecke, die Sie im Buch noch kennenlernen werden, können Sie zum Beispiel auf dem Tisch mit Futter bestücken. Ihr Hund sieht, was Sie tun, kommt Ihnen aber nicht ins Gehege.

Warten für Fortgeschrittene: So mustergültig liegenzubleiben, das braucht schon ein wenig Übung. Trainieren Sie das am besten zunächst unabhängig von Ihren Suchspielen.

- Und wenn es nicht anders geht, dann wartet beim Suchspiel im Haus der Hund vor der Tür, während Sie das Spiel vorbereiten. Ein Kindergitter im Türrahmen bringt den Vorteil, dass der Hund die Spielvorbereitung sehen kann.
- Vielleicht haben Sie auch Lust, Ihr Training zum „Bleib“ oder „Warte“ weiter auszubauen? Ein entspannter Spielablauf ist Ihnen gewiss – und es ist auch viel eleganter, wenn Sie Ihren Hund nicht immer mühsam zurückhalten müssen. Üben Sie das zu Beginn aber immer unabhängig von Ihren Schnüffelspielen, denn die Ablenkung dabei wäre viel zu groß.

Keine zweite Chance für den ersten Eindruck?

Es gibt keine zweite Chance für den ersten Eindruck! Diesen Merksatz sollten Sie sich gut einprägen. Denn er ist der Schlüssel zum erfolgreichen Training und Spiel. Was das für Ihre Schnüffelspiele bedeutet: Machen Sie es Ihrem Hund immer so leicht, dass er auf Anhieb Erfolg hat. Dann wird er das Spiel lieben – und später engagiert weitermachen, auch wenn es schwerer wird.

! EXTRA: Schnüffelerfolg von Anfang an

Ein Beispiel: Stellen Sie sich vor, Ihr Hund soll in den Falten einer zusammengeknüllten Wolldecke nach Futter schnüffeln. Irgendwann soll es einmal so sein, dass Sie nur noch ein einziges Bröckchen irgendwo in der großen Decke verstecken – und Ihr Hund stöbert so lange, bis er es findet. Wenn Sie das gleich beim allerersten Mal so machen, können Sie sich vorstellen, was passiert: Ihr Hund kennt das Spiel noch nicht und gibt frustriert auf, weil er nicht gleich etwas findet. Auch künftig wird er den Anblick der Decke mit Frust und Enttäuschung verbinden. Dabei könnte der erste Eindruck viel positiver sein: Verwenden Sie für den Anfang gleich eine Hand voll gut duftender Futterbröckchen – und die legen Sie so auf und in die Decke, dass Ihr Hund sie schnell findet. Seien Sie sicher: Mit diesem Einstieg wird Ihr Hund vom Spiel begeistert sein! Er wird sich künftig freuen, wenn Sie die Decke hervorholen, und engagiert auf die Suche gehen. Sie können es Ihrem Schnüffler dann nach und nach immer schwerer machen, indem Sie immer weniger Futter verwenden und dies auch besser verstecken.

Und wenn's mal gar nicht klappt?

Wenn es mal gar nicht klappt, dann wird das seine Gründe haben! Überlegen Sie, wie Sie es Ihrem Hund leichter machen können. Ist er zu aufgeregt und abgelenkt und käme in einer ruhigeren Umgebung besser klar? Wenn Sie etwas versteckt haben: Ließe sich das Versteck vereinfachen – und könnten Sie ihn beim Verstecken zuschauen lassen? Wenn Sie ein Futtersuchspiel machen: Könnten Sie noch attraktiveres Futter verwenden und eventuell auch die Menge versteckten Futters erhöhen? Was auch immer schief geht: Bleiben Sie stets gelassen und freundlich. Ihr Hund macht das nicht, um Sie zu ärgern!

Stehe ich nur dabei, während mein Hund schnüffelt?

Tatsache: Beim Schnüffeln können wir Zweibeiner unseren Hunden nicht viel helfen. Trotzdem kann das Schnüffeln zu einer tollen Beziehungsarbeit werden: Seien Sie dabei und freuen Sie sich über die Erfolge Ihres Hundes. Sprechen Sie ihm gut zu und sagen Sie ihm, was für ein toller Schnüffler er ist.

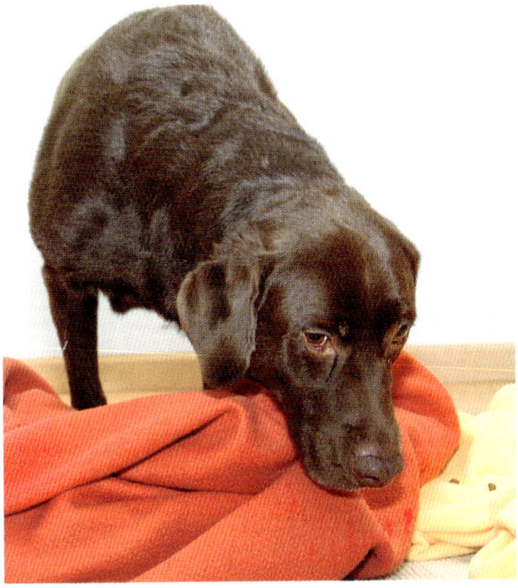

Dieser Einstieg ist gelungen: Barry schnüffelt zum ersten Mal an der Decke und wird sofort fündig!

EXTRA: Knuddeln? Jetzt besser nicht!

Wir Menschen können oft gar nicht anderes, als unsere Hunde zu knuddeln und zu drücken oder ihnen begeistert über den Kopf zu wuscheln, wenn sie etwas gut gemacht haben. Doch auch, wenn Ihr Hund ansonsten das Kuscheln mit Ihnen liebt: Beim konzentrierten Arbeiten und Spielen mag er das meist genauso wenig wie Sie das tun würden (stellen Sie sich nur mal vor, Sie telefonieren gerade mit einem Geschäftspartner oder lösen konzentriert eine Matheaufgabe – und ein Familienmitglied wuschelt Ihnen durch die Haare oder nimmt Sie in den Arm ...). Beim Schnüffeln kommt noch hinzu: Wenn Ihr Hund buchstäblich versunken ins Spiel ist, dann könnte er sich gehörig erschrecken, wenn Sie ihm plötzlich um den Hals fallen.

Einer schnüffelt – aber alle sind dabei. So wird das Spiel zum Gemeinschaftserlebnis!

Wie mache ich das im Mehrhundehaushalt?

Sie leben mit mehr als einem Vierbeiner zusammen? Dann werden Sie bereits von anderen Aktivitäten wissen, wie Sie es anstellen können, dass sich die Hunde beim Spielen nicht in die Quere kommen. Wie üblich gilt: Wann immer Übungen und Spiele auf dem Programm stehen, die etwas mehr Begleitung und Unterstützung durch Sie erfordern, ist es besser, mit den Hunden einzeln zu trainieren. Eine Menge Schnüffelspiele sind allerdings so einfach und so wenig betreuungsintensiv, dass alle gleichzeitig spielen können: Vielleicht darf jeder in einer eigenen Kiste voll Packpapier nach Futter suchen, oder Sie streuen Futter breitflächig im Garten aus, sodass alle gleichzeitig sammeln können. Berücksichtigen Sie aber immer die speziellen Bedürfnisse und Eigenarten Ihrer Vierbeiner: Wenn einer der Hunde zum Beispiel stark futterneidisch ist, dann wäre es keine gute Idee, alle zusammen auf engem Raum nach Leckerlis suchen zu lassen. Sorgen Sie dann lieber für eine räumliche Trennung während des Schnüffelns.

Schnüffelspaß mit Hund und Kind?

Aber ja! Es macht jede Menge Spaß, wenn Kind und Hund gemeinsam aktiv sind – und bei den meisten der einfachen Schnüffelspiele können die Kids wunder-

Schnüffeln mit Freunden – das macht Spaß, wenn alles so harmonisch verläuft wie hier. Falls nicht, sorgen Sie lieber für räumliche Trennung. Übrigens: Für viele Spiele sind auch Katzen zu begeistern!

bar mitmischen. Gerade, weil es beim Schnüffeln oft um Suchen und Finden geht, bietet sich das an – denn nicht nur die Vierbeiner sind verrückt auf Versteckspiele. Wie üblich, wenn Hund und Kind zusammen sind, gilt: Lassen Sie Ihr Dreamteam nie unbeaufsichtigt. Je jünger die Kinder, umso wichtiger ist Ihre Unterstützung und Anleitung.

Taugt jedes Spiel für jeden Hund?

Natürlich sind die Spiele so ausgewählt, dass die meisten Hunde bestens damit klar kommen. Aber Sie wissen selbst, wie unterschiedlich Hunde sind. Die Dogge ist anders als der Dackel, der Welpe stellt andere Ansprüche als der Senior. Und dazu hat jeder Hund seine eigene Vorgeschichte, eventuell spezielle gesundheitliche Probleme und und und ... Lange Rede kurzer Sinn – es heißt wie immer: „Bitte mitdenken!" Wann immer Sie Zweifel haben, ob ein Spiel gut für Ihren Hund ist: Hören Sie auf Ihr Bauchgefühl und lassen Sie es lieber sein! Die Auswahl ist riesig – und mit Sicherheit ist auch für Ihren Schnüffler noch genug Anderes dabei, das perfekt passt.

Sonst noch was zu beachten?

Ein Hund, der viel schnüffelt, braucht auch viel zu Trinken. Achten Sie deshalb besonders darauf, dass immer genügend frisches Wasser zur Verfügung steht.

Der Alltag: ein Schnüffelparadies

Womit verbringen Sie Ihre Freizeit? Mit Ihrem Hund, na klar! Und darüber hinaus? In der Liste der Hobbys tauchen bei vielen von Ihnen bestimmt drei Dinge auf: Lesen – Fernsehgucken – Ausflüge und Reisen. Wir Menschen tun das, weil wir interessiert daran sind, Neuigkeiten zu erfahren und Neues kennenzulernen. Wir stehen auf Abwechslung, Unterhaltung und interessante neue Eindrücke. Wer Hunde kennt und mag, der weiß: bei ihnen ist das genauso! Hunde lieben es, ihre Welt zu erkunden. Und weil ihr Riechorgan so gut ausgebildet ist, tun sie das eben zu einem Großteil mit der Nase. Daraus können Sie etwas machen: Wenn Sie es ermöglichen und sogar fördern, dass Ihr Hund zum Entdecker wird, dann bringt das eine Menge Abwechslung in seinen Alltag. Das Schöne an dieser allereinfachsten Beschäftigungsmöglichkeit: Sie müssen dafür nichts Besonders anstellen und keine Extrazeit einplanen. Das einzige, was Sie tun müssen: etwas aufmerksamer durch den Alltag gehen und die Welt ein Stück mehr mit den Augen – oder besser mit der Nase – Ihres Hundes sehen.

EXTRA: Forschen und Entdecken: Wofür das gut ist

Wenn Hunde etwas entdecken und erkunden, dann ist das genauso wie bei uns Menschen: Das Gehirn fängt ordentlich an zu rattern, um all die neuen Sinneseindrücke zu verarbeiten und einzusortieren. Sie wissen selbst, wie „voll im Kopf" wir Zweibeiner nach einem spannenden Film, einer fesselnden Reportage oder einer interessanten Stadtrundfahrt sind. Das ist Denksport pur. Nicht umsonst haben Sie im Zusammenhang mit (menschlicher) Gehirnfitness bestimmt schon einmal Tipps gelesen wie „Nehmen Sie sich Zeit, die Dinge in Ihrem Umfeld bewusster und ausgiebiger zu betrachten. Variieren Sie Ihre gewohnten Wege und entdecken Sie neue Straßen und Landschaftsteile." Das hält geistig fit – und macht richtig müde! Unsere Hunde profitieren außerdem noch von einem weiteren Aspekt: Erkunden als Hobby macht „umweltsicher" und hilft den Vierbeinern, neue Situationen im Alltag gelassener zu meistern.

Entdecker unterwegs: der Spaziergang als Schnüffeltour

Wo könnte Ihr Hund einfacher zum Entdecker werden, als auf den täglichen Spaziergängen? Dann geht's raus aus dem Haus – und rein ins Schnüffelvergnügen. Unsere Devise heißt: Abenteuer statt Kilometerfressen! Dabei bekommt nicht nur der Körper, sondern auch der Kopf etwas zu tun.

Die Zeitung am Laternenpfahl

Sie wissen es selbst: Die sprichwörtliche Zeitung des Hundes steht am Laternenpfahl geschrieben. Und es gibt Grashalme, die scheinen vor Neuigkeiten nur so überzuquellen: Informationsquellen, die uns Menschen verschlossen bleiben, während unsere Hunde sich mit Begeisterung daran festschnüffeln.

EXTRA: Was steht denn nun am Laternenpfahl?

Wir sagen das immer so daher: „Die Zeitung des Hundes steht am Laternenpfahl". Doch wie ist es darum tatsächlich bestellt? Was für Informationen hinterlassen und finden die Vierbeiner dort? Fest steht: Da Hunde Nasentiere sind, spielen Gerüche auch in ihrem Sozialleben eine große Rolle. Sämtliche Hunde – Rüden und Hündinnen – hinterlassen an allen möglichen Orten auffällige Harnmarkierungen.

Brandheiße Nachrichten: Die Hundezeitung steht am Laternenpfahl geschrieben.

Die beliebtesten Stellen sind etwas erhöht oder vorspringend, sodass sie gut zu sehen und zu erschnüffeln sind: Bäume, Büsche, Mauern oder eben der sprichwörtliche Laternenpfahl. Wir Zweibeiner denken häufig, die Hunde wollten damit ihr Revier abstecken. Aber das allein stimmt nicht. Die beliebten Pinkelstellen ähneln eher einem schwarzen Brett, an dem jeder seine Aushänge anbringt. Sie geben Auskunft darüber, wer da war, wie oft er an dieser Stelle vorbeikommt und wie es um das soziale Selbstbewusstsein steht. Wer häufiger des Weges kommt, hängt seine Zettel über die der anderen – doch auch die vielen alten Nachrichten sind noch zu lesen. Ein interessanter Ort mit jeder Menge Informationen. „Die Zeitung am Laternenpfahl" trifft es also schon ganz gut.

Nur bleibt im Alltag oft wenig Zeit zum ausgiebigen „Zeitung lesen" – und manchmal nervt uns das Geschnüffel sogar. Dann nämlich, wenn wir es eilig haben: wenn die täglichen Pflichten wieder rufen und wir nur eine bestimmte Zeit für den Hundespaziergang zur Verfügung haben. Weil wir es gut meinen und unserem Hund ein Maximum an Bewegung gönnen möchten, wählen wir ganz häufig eine Runde, die exakt so lange dauert, wie wir Zeit haben – wenn wir zügigen Schrittes unterwegs sind. Spielraum zum Verweilen bleibt da kaum. Während unser Hund noch die neuesten Nachrichten aufsaugt, sind wir schon wieder zehn Schritte voraus – und ziehen ihn im ungünstigsten Fall einfach an der Leine von den Schnüffelstellen weg. Wenn Sie morgendlicher Zeitungleser sind: Das ist in etwa so, als könnten Sie nie einen Artikel zu Ende lesen, weil ständig jemand nach der Zeitung greift. Das vermiest das Vergnügen – und irgendwann lassen Sie das Zeitunglesen vielleicht sogar ganz. Ein Stück Lebensqualität ginge Ihnen dadurch verloren.

Der Schnüffeltipp heißt deshalb: Denken Sie um! Und das geht so:

- Planen Sie Ihre Spaziergänge von vornherein so, dass Zeit zum Schnüffeln einkalkuliert wird. Das heißt: Wenn Sie eine Stunde Zeit haben, dann wählen Sie beispielsweise nur die Halbstunden-

Wer war hier und was gibt's Neues? Die Pinkelstelle am Strauch verrät es.

runde. Ihr Hund kann dann ausgiebig „Zeitung lesen".

- Machen Sie es sich zur Gewohnheit, häufiger bei ihrem schnüffelnden Hund stehen zu bleiben, anstatt ihn durch ihr Voranschreiten mit sich zu ziehen.
- Sie dürfen ihm auch ruhig ab und zu ein paar nette Worte sagen, während er schnüffelt. Er ist sich dann Ihrer Zustimmung sicher und wird es häufiger tun.

Schnüffeln in aller Ruhe: Lassen Sie Ihrem Hund bewusst viel Zeit, seine Umwelt zu erkunden!

Das gilt ganz besonders, wenn Ihr Hund sonst ein sehr unruhiger Geist ist, der viel an der Leine zieht (denn wer schnüffelt, zieht nicht!), oder aber auch ein Angsthäschen, das sich noch nicht so recht traut, die weite Welt zu erkunden.

Übrigens: Die Zeitung des Hundes steht oft da geschrieben, wo wir Zweibeiner die Nase rümpfen – an beliebten Pinkelstellen, auf Hundehaufen oder auch an fremden Hundepopos. Sehen Sie das gelassen: Ihr Hund ist ein Hund – und dort zu schnüffeln und möglicherweise selbst seine Spuren zu hinterlassen, ist Teil der arteigenen Kommunikation.

EXTRA: Erkundungstipps für Hektiker

Gehört Ihr Hund zu den Vierbeinern, von denen man meinen könnte: Der will nur rennen – und Schnüffeln interessiert ihn nicht?! Dann sollten Sie ihn erst recht zum Erkunden animieren, denn er wird ganz besonders von der Entdeckung der Langsamkeit profitieren:

- Gehen Sie bewusst dort spazieren, wo viele interessante Gerüche sind. Ideal sind Wege, an denen viele Hunde ihre Markierungen hinterlassen haben.
- Halten Sie sich am Wegesrand, denn dort sind die meisten Duftmarken.
- Streuen Sie zu Beginn des Spaziergangs ab und an Futter aus, das Ihr Hund aufsammeln darf: auch das entschleunigt und animiert zum Weiterschnüffeln.
- Wann immer Ihr Hund von sich aus schnüffelt, bleiben Sie bei ihm stehen und loben ihn mit freundlicher, ruhiger Stimme.
- Gestalten Sie die Spaziergänge so ruhig wie möglich. Packen Sie den Ball oder ähnlich animierende Spielzeuge weg.
- Führen Sie Ihren Hund am Brustgeschirr statt am Halsband – auch das macht ruhiger.
- Wenn Sie Lust haben, planen Sie eine kleine Picknick-Pause ein: Während Sie zum Bei-

Ein Abstecher ins Grüne: Jenseits des gewohnten Weges warten interessante Düfte auf neugierige Nasen.

spiel ein wenig auf einer Bank verweilen, bekommt Ihr Hund etwas zu kauen.
- Wenn Ihr Hund mit der Umgebung überfordert scheint, wählen Sie ruhigere Spazierwege oder -zeiten.

Gewohnte Wege – neue Perspektiven

Menschen sind Gewohnheitstiere. Deswegen haben wir Hundeleute auch meist Spaziergeh-Runden, die wir immer wieder und meist auch in bestimmter Richtung gehen. Auf diesen Wegen bewegen sich auch die Hunde fast schon automatisch. Sie wissen genau, um welche Ecke es jetzt geht oder an welcher Wegegabelung abgebogen wird. Wenn Sie Ihre Routine ab und an durchbrechen, dann können Sie auch auf den gewohnten Wegen ganz unkompliziert für mehr Abwechslung und geistige Anregung sorgen:

- Gehen Sie Ihre üblichen Runden anders herum – viele Dinge sehen dabei plötzlich ganz neu aus (übrigens auch für Sie).
- Überlegen Sie, welche kleinen Schlenker und „Abstecher" Sie zur Abwechslung einbauen können: Vielleicht können Sie noch einen Häuserblock zusätzlich umrunden oder Ihre Runde um einen Waldweg erweitern? Gibt es eine Abkürzung, die Sie sonst nie gehen, oder einen kleinen Umweg, den Sie noch einbeziehen können?
- Verlassen Sie ab und an den Weg und gehen Sie – da, wo es möglich und erlaubt ist – ein Stück querfeldein: über den Parkplatz statt um ihn herum, über die Wiese statt an ihr entlang, parallel zum Weg durch den Wald und so weiter.

Das erhöht den Schnüffelfaktor um ein Vielfaches – und das Nasentier an Ihrer Seite wird begeistert sein.

Tapetenwechsel

Gönnen Sie Ihrem Hund ab und an einen Tapetenwechsel – den schätzt er genauso wie Sie:

- Variieren Sie regelmäßig Ihre Spazierwege und entdecken Sie mit Ihrem Hund neue Wege. Sie werden merken: Das ist auch für Sie sehr anregend!
- Suchen Sie gezielt ungewohnte Orte mit – aus Hundesicht – interessanten neuen Gerüchen auf: Lassen Sie Ihren Hund einen städtischen Platz, einen

Gut ausgerüstet auf Schnüffeltour
Gerade, wenn Sie auf neuen Wegen unterwegs sind, kann es immer mal vorkommen, dass Ihr Hund etwas Aufregendes wahrnimmt und in die Leine läuft. Ein Brustgeschirr schont dann den empfindlichen Hals- und Kehlkopfbereich! Damit Ihr Hund ausreichend Schnüffel- und Bewegungsradius hat, sollte seine Leine nicht kürzer als drei Meter sein. Generell gilt: je länger, desto besser – wobei gerade in städtischen Umgebungen und an der Straße natürlich aus Sicherheitsgründen die Leinenlänge begrenzt ist. Übrigens: Je nachdem, wo Ihre Ortserkundung stattfindet, gehören auch Kotbeutel zu Ihrer Ausrüstung. So können Sie erforderlichenfalls die Hinterlassenschaften Ihres Hundes beseitigen.

Schulhof oder einen Parkplatz erkunden. Besuchen Sie einen Stall, ein Wildgehege oder vielleicht sogar einen Zoo mit ihm. Wenn Sie üblicherweise in Feld, Wald und Wiesen unterwegs sind, verlagern Sie Ihre Spaziergänge ab und an in die Siedlung – und umgekehrt. Vielleicht haben Sie auch die Möglichkeit, mal über ein Firmengelände oder durch eine große Halle zu schlendern – natürlich nur mit Erlaubnis und immer unter Beachtung der Leinenpflicht, versteht sich.

Auf Ihren Hund und sein Gehirn warten jede Menge neue Eindrücke!

EXTRA: Vorsicht vor Reizüberflutung!
Neue Umgebungen und neue Eindrücke sind für Ihren Hund ganz schön anstrengend. Damit der Tapetenwechsel nicht zur (schädlichen) Reizüberflutung wird, gilt es, Überforderung zu vermeiden:

Mal ganz woanders unterwegs: Pacco darf einen Lagerplatz erkunden. Aus Hundesicht ein spannender Tapetenwechsel.

Leon ist nach einem Abenteuer-Ausflug in die Stadt zwar noch guter Dinge, sieht aber schon etwas angestrengt aus: Trotz angenehmer Temperaturen hechelt er, die Gesichtszüge sind angespannt, die Ohren zurückgelegt. Zeit, bald nach Hause zu gehen.

- Beispielsweise kann für das vierbeinige Landei der Stadtspaziergang schnell zum Horrortrip werden, wenn er zur Rush-Hour in der Fußgängerzone stattfindet. Nutzen Sie in diesem Fall besser die Ruhe des frühen Morgens oder des späten Abends oder starten Sie Ihr Erkundungsprogramm in einer abgelegenen Seitenstraße. Auch kann es für einen ängstlichen Hund zu viel sein, wenn jeden Tag sein Spazierweg gewechselt wird.
- Woran Sie erkennen können, dass Ihr Hund mit der Umgebung überfordert ist? Viele Hunde ziehen dann stark an der Leine, hecheln und zeigen ein „Stressgesicht" mit sehr angespannten Gesichtszügen. Schnüffeln und Erkunden sind dann gar nicht mehr möglich. Auch wenn Ihr Hund deutlich eingeschüchtert reagiert und mit geduckter Körperhaltung, eingezogenem Schwanz oder sogar zitternd unterwegs ist, wissen Sie: Das ist zu viel! Sie sollten dann schleunigst den Rückzug antreten und den nächsten Ausflug in einer – für Ihren Hund – einfacheren Umgebung stattfinden lassen.
- Übrigens: Es ist meist keine gute Idee, den Hund „einfach so" in eine ungewohnte Umgebung mitzunehmen. Wenn Sie beispielsweise eine Shopping-Tour planen oder ein Zoobesuch mit der ganzen Familie ansteht, dann haben Sie meist genug Anderes zu tun, als sich um Ihren Hund zu kümmern. In vielen Fällen profitiert er mehr davon, wenn er dann zu Hause bleibt. Planen Sie seine Ausflüge lieber extra ein. So können Sie sich ganz ihm widmen, und er hat alle Zeit der Welt, die neue Umgebung zu erkunden und sich zu akklimatisieren. Und wenn Sie das Gefühl haben, es ist genug, dann können Sie im Zweifelsfall auch schnell wieder den Rückzug antreten. Sollte Ihr Vierbeiner gut mit dem Ortswechsel klar kommen, dann kann immer noch ein spannender Ausflug mit der ganzen Familie eingeplant werden.

Mit offenen Augen unterwegs

Ob Sie in der vertrauten Umgebung unterwegs sind oder sich auf neuem Boden bewegen: Entwickeln Sie einen Blick für die Besonderheiten! Ihr Hund hat diesen Blick bereits: Denken Sie daran, wie er sich verhält, wenn auf Ihrem vertrauten Weg plötzlich etwas auftaucht, was dort sonst nicht ist. Da liegen am Wegesrand plötzlich Heuballen. Die Lieblingswiese des Hundes ist eingezäunt und es weiden Kühe darauf. Am Straßenrand stehen Müllsäcke oder Baumaterialien. Eine Hauseinfahrt ist mit Flatterband abgesperrt. Und so weiter.

Es ist typisch für Hunde, sofort darauf zu reagieren – denn sie haben diesen Blick fürs Detail. Manche Vierbeiner bleiben zunächst stocksteif stehen, andere schleichen sich vorsichtig an, wieder andere reagieren mit Bellen und Aufregung. Typisch für uns Menschen ist eine Reaktion wie diese: „Reg dich doch nicht auf – das ist doch bloß ein (Heuballen, Müllsack etc.) …“ Ganz häufig nehmen wir

Extratipp für noch mehr Spaß

Da, wo es möglich und ungefährlich ist, können interessante Dinge am Wegesrand auch in ein Futtersuchspiel oder eine Kletterpartie eingebunden werden. Verteilen Sie einfach ein wenig Futter um das oder auf dem Erkundungsobjekt. Sie erhöhen damit den Spaßfaktor für Ihren Hund – und er wird Neues künftig noch interessanter finden!

dann die Leine kurz und marschieren mit dem Hund im Schlepptau einfach weiter.

Der Schnüffeltipp für Sie: Freuen Sie sich demnächst über solche Gelegenheiten – und nutzen Sie sie für den Erkundungsspaß. Das machen Sie so: Wann immer Sie oder Ihr Hund etwas Außergewöhnliches entdecken, gehen Sie

Spannendes am Wegesrand: Unter Frauchens Aufsicht darf Kiwi die Baumaterialien ausgiebig beschnüffeln.

Augen auf: Unterwegs findet man häufig die interessantesten Dinge! Wenn sich das Erkunden dann noch mit Klettern und Futtersuchen verbinden lässt, wird's gleich doppelt spannend.

gemeinsam hin und schauen es sich an. Sie können sich an der Erkundung beteiligen, indem Sie mit der Hand auf den jeweiligen Gegenstand zeigen und sich selbst ganz interessiert damit befassen.

Wenn Sie so vorgehen, dann wird Ihr Hund nicht nur beschäftigt, sondern auch immer mutiger. Die Aufregung beim Anblick neuer Dinge wird zunehmend der Neugier und sogar Gelassenheit weichen. Sehr praktisch für den Alltag!

Freie Auswahl!

Kennen Sie das? Manchmal sehen wir es unserem Vierbeiner ganz deutlich an, in welche Richtung er jetzt am liebsten gehen oder welchen Weg er bevorzugt einschlagen würde. Wenn es Ihre Zeit erlaubt: Es spricht im Regelfall nichts dagegen, Ihrem Hund ab und an diese Entscheidung zu überlassen. Sie brauchen keine Angst haben, fortan immer nach seiner Pfeife tanzen zu müssen, bloß weil er sich gelegentlich die interessanteste Strecke aussuchen darf.

Einmal schnüffeln – immer schnüffeln? Ein Folgesignal üben

Sie sehen sich nur noch im Schneckentempo durch die Lande ziehen und gar nicht mehr vorankommen? Keine Angst – auch Schnüffelfans machen zwischendurch immer noch genug Tempo. Und für Fälle, in denen Sie es wirklich mal eilig

Entdecker auf Tour: Warum nicht ab und an auch mal dem Hund die Wegewahl überlassen?

So wird das Folgesignal geübt: Der weggehende Mensch wirkt aus Hundesicht lockend – gern schließt sich der Hund an. Zur Belohnung fliegt ein Leckerchen in Laufrichtung.

haben oder aber Ihren Hund von etwas Ekligem oder Unerlaubtem weghaben möchten: Bringen Sie ihm doch einen Befehl zum Mitkommen bei – ein sogenanntes „Folgesignal". Das ist sehr einfach zu erlernen und überaus praktisch für den Alltag. So können Sie es üben:

- Sie beginnen dort, wo wenig Ablenkung ist und Ihr Hund außerdem abgeleint sein kann: zum Beispiel in Ihrem Wohnzimmer oder im Garten. Rüsten Sie sich mit reichlich gutem Futter aus. Das darf Ihr Hund ruhig mitbekommen.
- Ihr Hund steht interessiert vor oder neben Ihnen. Ohne etwas zu sagen drehen Sie sich jetzt einfach um und gehen zügig ein paar Schritte von ihm weg. Die Körpersprache des weggehenden Menschen wirkt aus Hundesicht lockend – allein deshalb schließen sich die meisten Vierbeiner sofort an. Und

Achtung – ich zieh dich gleich weg!

Es gibt Notfälle, da ist es unvermeidbar, den Hund schnell von einer interessanten Stelle wegzuziehen. Machen Sie es sich zur Gewohnheit, dies künftig jedes Mal durch ein bestimmtes Wort anzukündigen, zum Beispiel „Ziehen!", „Weiter!" oder „Auf geht's!". Das ist für den Vierbeiner fairer und außerdem rückenschonender, als unvorbereitet von den Füßen gezogen zu werden. Außerdem hat Ihr Schnüffler so noch die Chance, sich selbst zu korrigieren und freiwillig mitzukommen.

genau dafür belohnen Sie Ihren Hund: Loben Sie ihn, sobald er Anstalten macht, Ihnen zu folgen – und werfen Sie dann ein Stück Futter in die Richtung, in die Sie gehen. Wiederholen Sie das mehrmals.

- Ihr Hund hat das Spiel begriffen und läuft in der Trainingssituation bereitwillig hinter Ihnen her, wenn Sie sich umdrehen und von ihm weggehen? Dann können Sie Ihr künftiges Folgesignal einführen: Viele Hundebesitzer verwenden dafür ein Schnalzen, oder auch Worte wie „Hier lang!" oder „Folgen!" Und so machen Sie es: Bevor Sie sich das nächste Mal umdrehen und weggehen, äußern Sie Ihr neues Folgesignal. Die Einhaltung dieser Reihenfolge (erst das Folgesignal, dann umdrehen und weggehen) ist sehr wichtig – schließlich soll das Signal künftig das Weggehen ankündigen. Sie gehen vor wie oben beschrieben: Sobald der Hund Anstalten macht, Ihnen zu folgen, wird er gelobt und ein Stück Futter fliegt in Laufrichtung. Auch das wiederholen Sie mehrfach.
- Jetzt heißt es: üben, üben, üben! Denn bevor Ihr Folgesignal reif ist für den Alltagseinsatz auf dem Spaziergang, muss Ihr Hund es sozusagen mit links beherrschen. Dafür üben Sie zunächst in unterschiedlichen Räumen im Haus oder an unterschiedlichen Stellen im Garten. Erst wenn das gut klappt, können Sie beginnen, das Folgesignal auf dem Spaziergang einzubauen. Verwenden Sie es aber zunächst nur, wenn Ihr Hund gerade ein wenig gelangweilt erscheint und nichts Spannendes in der Nähe ist. So gewöhnt er sich gleich daran, wirklich jedes Mal auf das Folgesignal zu reagieren.
- Bald ist das Folgesignal reif für den Ernstfall: Sie können jetzt anfangen, es auch bei kleineren Ablenkungen einzusetzen. Faustregel sollte aber sein: Äußern Sie Ihr Folgesignal nur, wenn Sie 5 Euro darauf verwetten würden, dass Ihr Hund es auch befolgt. Wenn Sie das beherzigen, erreichen Sie bald eine immer größere Zuverlässigkeit – auch bei stärkeren Ablenkungen. Bleiben Sie für eine Weile dabei, das Folgesignal noch jedes Mal mit Futter zu belohnen – das schafft eine solide Basis. Wenn alles gut klappt, können Sie das Futter gelegentlich durch ein nettes Wort ersetzen.

Der Duft der großen weiten Welt – zu Hause

Bestimmt geht Ihnen das auch so: Ein Familienmitglied kommt nach einem langen Tag unterwegs oder sogar nach einer Reise wieder nach Hause – und Sie sind neugierig. Hat die Person etwas Interessantes erlebt? Oder sogar etwas mitgebracht? Was gibt es Neues? Gerne lassen wir uns dann berichten.

Ähnlich neugierig sind auch unsere Hunde, wenn wir nach Hause kommen. Allerdings erschließt sich ihnen die große weite Welt vor allem durch Düfte. Und deshalb stecken sie ihre Nasen auch überall hinein: nehmen einen tiefen Atemzug aus der Einkaufstüte, schleichen interessiert um unsere Taschen und Koffer herum oder beschnuppern konzentriert unsere Kleidung und Schuhe.

Und was tun wir? Allzu oft neigen wir dazu, die neugierige Nase einfach wegzuschieben. Wir räumen schnell alles weg – und nehmen, ohne dass es uns bewusst ist, dem Hund ein Stück Abwechslung und Anregung! Denn was für uns Menschen die Erzählungen, sind für unsere Hunde die Gerüche.

Sie merken schon: wieder eine Möglichkeit, komplett ohne Aufwand den Hunde-Alltag ein Stückchen interessanter zu gestalten.

Dufte Alltagsgegenstände

So kann Ihr Hund am Duft der großen weiten Welt teilhaben:

- Wenn Sie das nächste Mal nach Hause kommen: Beobachten Sie doch mal Ihren Hund. Wenn Sie sehen, dass er sich für ein Kleidungsstück oder eine Tasche besonders interessiert, dann halten Sie einen Moment inne und geben ihm die Gelegenheit, daran zu schnuppern.
- Eine Menge Waren werden heutzutage über Versandhäuser oder das Internet bestellt. Das bedeutet, dass immer häufiger Päckchen und Pakete ins Haus kommen. Die Außenverpackung, der Füllstoff (zum Beispiel Packpapier), die Warenverpackungen und die Waren selbst bringen jede Menge Duftgrüße für Ihren Hund. Lassen Sie ihn schnuppern, wenn er mag. Und falls Sie Lust haben, können Sie Karton und Packpapier vor dem Wegwerfen gleich noch zu einem Futtersuchspiel umgestalten: einfach ein paar Bröckchen Futter hineinstreuen, die Ihr Nasenprofi dann herausarbeiten darf.

Neugierige Nase am Einkaufskorb – das ist typisch Hund. Wenn alles gut verpackt ist: überhaupt kein Problem!

Für uns bloß ein Schuhkarton – für den Hund ein duftender Gruß aus der großen weiten Welt!

Natürlich gehen Sie mit dem nötigen gesunden Menschenverstand an die Sache heran: Weder wäre es eine gute Idee, Ihren stark sabbernden Vierbeiner zum Erschnuppern Ihres Büro-Outfits zu ermutigen, noch würden Sie der Hundenase Ihre Einkäufe aus der Fleischerei zum Erkunden anbieten. Und so weiter... Und wenn im hektischen Alltag gerade mal keine Zeit da ist, dass der Hund ausführlich schnüffeln kann, dann ist das auch kein Weltuntergang.

Aber: Es gibt auch genügend Gelegenheiten, da stört das Schnüffeln überhaupt nicht. Und die nutzen Sie fortan!

EXTRA: Es ist doch bloß ein Schuhkarton?
Für uns Zweibeiner bloß ein Stück Pappe – für den Hund ein duftender Gruß aus der großen weiten Welt. Nehmen Sie sich eine Minute und machen Sie sich bewusst, was die Hundenase beispielsweise an einem Schuhkarton wahrnehmen könnte:

- Schon bei der Herstellung kommt der Karton mit einer Menge Maschinen und Hände in Berührung, er wird dann verpackt und transportiert. Die ersten geruchlichen Grüße für den Hund.
- Zu anderer Zeit und an einem anderen Ort werden die Schuhe in den Karton gepackt – von anderen Menschenhänden. Die Schuhe haben vermutlich bereits eine Reise aus einem anderen Land hinter sich – aus Hundesicht ein exotisches Duft-Potpourri aus Menschen, Maschinen, Materialien und fremden Umgebungen.
- Bis der Schuhkarton im Geschäft landet, wird er an diversen Orten zwischengelagert, in verschiedenen Fahrzeugen transportiert und dabei von unterschiedlichsten Händen berührt. Ein Feuerwerk an Geruchsspuren.
- Im Geschäft wandert der Karton durch Verkäufer- und Kundenhände. Die Schuhe werden mehrfach entnommen und wieder hineingepackt – mit jedem Mal kommt der Geruch von Händen und Füßen hinzu. In welchen Schuhen haben diese Füße vorher gesteckt und über welchen Boden sind sie zuvor gelaufen? Ein unvergleichlicher Geruchscocktail.
- Und dann kommen Sie – und bringen den Karton mit nach Hause!

Verstehen Sie nun, warum es für Ihren Hund so brandinteressant ist, seine Nase in alles hineinzustecken? Sie können dieses Beispiel auf so ziemlich jeden Alltagsgegenstand übertragen. Denken Sie nur, welche Geruchsgeschichten eine Schuhsohle erzählen könnte ...

Spezielle Mitbringsel

Wenn Sie ohne Ihren Hund unterwegs sind, dann wird Ihnen bestimmt so manches begegnen, was für Ihren vierbeinigen Entdecker von Interesse sein könnte. Keine Angst: Sie sollen nun nicht zum Müllsammler werden und alles auflesen, was Ihnen unterkommt. Aber das eine oder andere duftende Souvenir lässt sich doch unproblematisch mitbringen. Vielleicht ist gerade

- die Vogelfeder, die Sie auf dem Weg gefunden haben,
- ein Pferdestriegel aus dem Reitstall,
- Ihr Handschuh, an dem sich die Nachbarskatze gerieben hat,
- eine Zeitung, die in der Bahn lag und die vor Ihnen noch andere Menschen gelesen haben,
- eine Muschel oder ein Stein vom Strand
- ...

für Ihren Hund brandinteressant? Geben Sie ihm die Gelegenheit, seine Nase ausgiebig hineinzustecken oder daran zu halten. Anschließend können Sie das Duftsouvenir direkt wieder an sich neh-

Erkunden – so geht's gut

Erkunden heißt nicht zerlegen! Schauen Sie immer, wie der Hund mit den Schnüffelobjekten umgeht, denn sie sind normalerweise keine Spielzeuge für ihn. Ist Ihr Hund sehr ungestüm oder der Gegenstand recht klein und empfindlich, halten Sie das Schnüffelobjekt während des Erkundens immer in Ihren Händen fest. Ängstlichen und skeptischen Hunden kann es hingegen helfen, wenn Sie ein unbekanntes Objekt erst einmal auf den Boden legen, sodass eine langsame und vorsichtige Annäherung möglich ist. Unterstützend können Sie auch ein paar Futterbröckchen in die Nähe des Gegenstandes legen – erst in sichere Entfernung, dann immer näher heran.

In dieser Kiste sind Kaninchen transportiert worden. Bevor die leere Box gereinigt wird, darf Jamie sie ausgiebig erkunden.

Abenteuer in Nachbars Garten: Regelmäßige Erkundungstouren ins (dann leere) Tigergehege bereichern das Leben der Wölfe im Zoo Zürich.

men und gegebenenfalls entsorgen oder zurückbringen.

Wundern Sie sich nicht: Während sich Ihr Hund an einigen Ihrer Mitbringsel regelrecht „festsaugt“, ist er mit anderen vielleicht ganz schnell fertig. Wir Zweibeiner können ja nur erahnen, welche Geruchsgeschichten die Gegenstände erzählen.

EXTRA: Über den Tellerrand geschaut: Erkundung als Beschäftigung für Zootiere

Erkundungsspiele als Beschäftigungsmöglichkeit sind keinesfalls eine findige Entdeckung von uns Hundeleuten. Hier haben wir abgeguckt – und zwar aus dem Zoo! Die Erkundung neuer Umgebungen, Gegenstände oder Gerüche ist nämlich ein längst etablierter Bestandteil des sogenannten „Enrichments“ für Zootiere und wird weltweit in Zoos zur Optimierung der Haltungsbedingungen eingesetzt. Im Zoo Zürich beispielsweise werden die Wölfe nicht nur regelmäßig mit neuen, überraschenden Geruchsspuren versorgt, wie etwa mit duftenden Gewürzen, Kot von anderen Tierarten oder Ästen aus anderen Gehegen. Ihr Gehege ist außerdem über einen unterirdischen Verbindungsgang mit dem Tigergehege verbunden. Wenn die Tiger im rückwärtigen Bereich abgetrennt sind, kann den Wölfen ein Ausflug in Nachbars Garten ermöglicht werden. Für die Wölfe ein echtes Abenteuer! Sind die Wölfe wieder zurück in ihrem Reich, sind die Tiger an der Reihe, die Spuren ihrer Besucher zu erkunden. Faszinierende bewegte Bilder davon gibt‘s im Youtube-Kanal des Zoo Zürich: Einfach bei www.youtube.com nach den Schlagworten „Zoo Zürich Wölfe Tiger“ suchen.

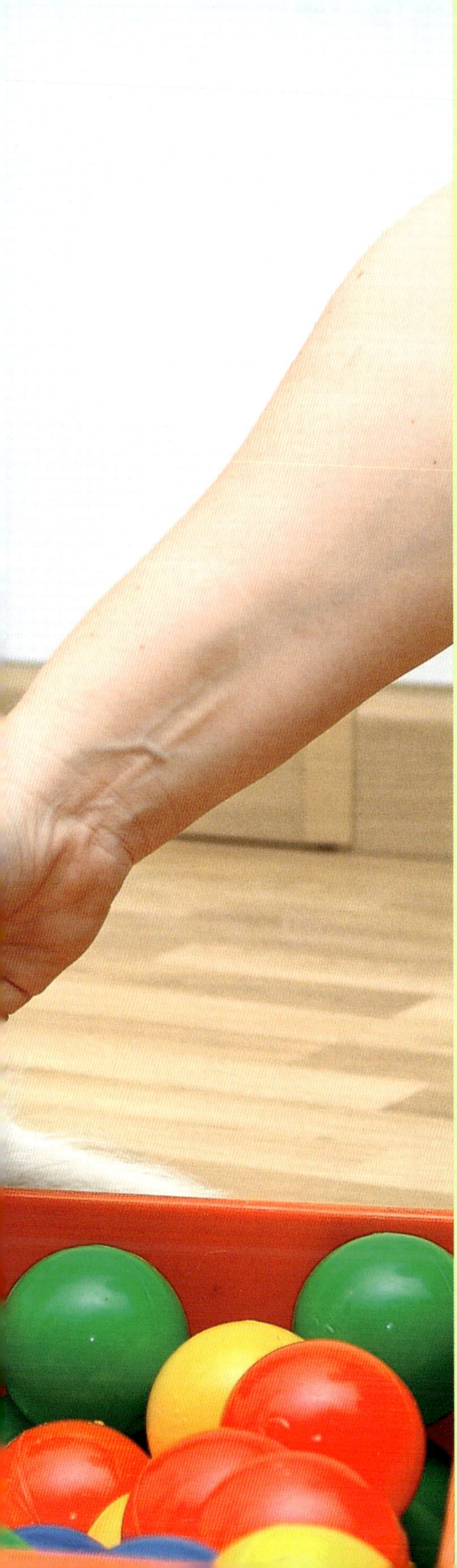

Futternapf ade – hier kommt der Schnüffelspaß!

Hat Ihr Hund einen guten Appetit und freut sich auf sein Fressen? Dann wissen Sie, wie schnell es geht, bis sein Futternapf geleert ist: Eine Frage von Sekunden – dann ist alles „inhaliert". Das ist doch eigentlich viel zu schade! Denn die täglichen Mahlzeiten können Sie wunderbar in das Beschäftigungsprogramm Ihres Vierbeiners einbinden. Sie lernen hier deshalb Schnüffelspiele kennen, durch die Sie mühelos den Futternapf ersetzen können. Fast völlig ohne Aufwand erhöhen Sie damit den Spaßfaktor einer Mahlzeit um ein Vielfaches und verlängern die Zeit, während der Ihr Hund sich über sein Futter freut. Seien Sie sicher: Ihr Hund wird es genießen, ein wenig für sein Futter arbeiten zu dürfen. Das gilt übrigens auch für schlechte Fresser! Es wird Sie überraschen, wie gut sich die Mahlzeiten durch Schnüffelspiele aufwerten lassen.

Tipp

Am unkompliziertesten sind die folgenden Spiele für Hunde, die ihre Tagesration oder Teile davon als Trockenfutter erhalten. Wenn Sie frisch oder aus der Dose füttern, wird's etwas schwieriger mit dem Ausstreuen und Verstecken. Als gesunde Alternative bieten sich dann selbstgebackene Hundekekse an. Schauen Sie nach auf den Seiten 22–25. Im Kapitel „Alles Futter, oder was?" finden Sie weitere Anregungen zum verwendbaren Futter. Dort gibt's auch spezielle Tipps für schlechte Fresser.

Ausstreuen und los: Neulinge finden am besten auf hellem Boden ins Spiel.

Ausstreuen und los! Futterschnüffeln am Boden

Einfacher geht's wirklich nicht: Sie nehmen eine Handvoll Futter – und anstatt damit den Napf zu befüllen, streuen Sie die Bröckchen großflächig auf dem Boden aus. Eine perfekte Beschäftigung auch für das knappste Zeitbudget, spielbar drinnen und draußen.

So funktioniert's

Das Futterschnüffeln am Boden ist quasi ein Selbstläufer:

- Zeigen Sie Ihrem Hund das Futter in Ihrer Hand und werfen Sie es dann vor

Nützliche Nebenwirkungen

Ihr Hund ist manchmal sehr hibbelig und aufgeregt? Zum Beispiel, wenn Sie ihn in eine neue Umgebung mitnehmen oder beim Begrüßen von Besuch? Das Schnüffeln nach verstreutem Futter kann dann sehr hilfreich dabei sein, Ihren Vierbeiner regelrecht „herunterzufahren". Sie können das Futterschnüffeln am Boden auch gezielt einsetzen, wenn Ihr ängstlicher Hund sich an einem fremden Ort wohler fühlen soll.

seinen Augen auf den Boden. Ganz automatisch wird die Hundenase aktiv, um danach zu schnuppern.

- Wenn Ihr Hund das Spiel noch nicht kennt, sorgen Sie für einen besonders einfachen Einstieg: Wählen Sie zunächst einen Untergrund, auf dem das Futter gut sichtbar ist. Verwenden Sie besonders attraktives und gut duftendes Futter (beispielsweise Fleischwurst). Streuen Sie vergleichsweise viele Bröckchen auf kleiner Fläche aus.

Hier hilft nur Naseneinsatz: Auf dem Rasen wird das ausgestreute Futter quasi „unsichtbar".

Spielarten

Aus dem Futterschnüffeln können Sie richtig was machen:

- Bekommen Sie einen Blick dafür, wo Sie das Futter regelrecht verschwinden lassen können: Auf dem gemusterten Teppich ist es für Ihren Hund viel schwieriger aufzustöbern als auf den weißen Fliesen. Im Garten wird es auf dem Rasen oder auf dem Kiesweg viel schneller „unsichtbar" als auf der Terrasse. Im Winter verschwindet es in der Schneedecke. Und so weiter.
- Verwenden Sie immer weniger Futterbröckchen auf immer größerer Fläche. Mit etwas Übung wird Ihr Hund den gesamten Raum oder den kompletten Garten nach ein paar Leckerlis durchkämmen.
- „Licht aus – Nase an!" heißt es, wenn Sie die Futtersuche ins Dunkle verlagern. Ob drinnen oder draußen: Dabei muss sich Ihr Hund komplett auf seine Nase verlassen – und Sie werden beeindruckt sein, wie erfolgreich er dabei ist. Übrigens ist es ein Riesenspaß für Kinder, den Hund in einem abgedunkelten Raum auf Hundekeks-Suche zu schicken. Wann immer es laut und vernehmlich aus der Dunkelheit knurpselt und schmatzt, ist Sherlock Schnüffel fündig geworden!

Noch mehr Spaß mit Suchsignal

Sie haben es sicher schon bemerkt: Eigentlich brauchen Sie für das Futterschnüffeln gar kein spezielles „Kommando" (wir benutzen im Folgenden den Begriff „Signal" – denn Sie und Ihr Hund sind ja nicht beim Militär). Wenn Ihr Hund sieht, dass Sie Futter ausstreuen, dann ist das für ihn selbsterklärend, und er macht sich auf die Suche.

Wenn Sie aber noch mehr Suchspaß haben möchten, dann könnte es eine gute Idee sein, ein spezielles Signal einzuführen, mit dem Sie Ihrem Hund mitteilen: „Hier ist irgendwo Futter versteckt – mach dich auf die Suche danach".

Wozu das gut ist? Nun, Sie können damit Ihren Hund später auch auf die Suche schicken, ohne dass er das Ausstreuen oder Verstecken des Futters vorher gesehen hat. Das ist auch für viele der Spiele praktisch, die Sie im Rest des Buches kennenlernen werden.

„Such Futter!" Sun tut es – und findet ihre Mahlzeit in einem gefüllten Kong. Darin lassen sich gerade Dosen- oder Frischfutter wunderbar verstecken.

Das Einüben eines Suchsignals geht ganz einfach:

- Sie überlegen sich zunächst, was Sie in Zukunft sagen möchten, wenn Sie Ihren Hund auf die Suche nach Essbarem schicken wollen: „Such Futter!" zum Beispiel.
- Dann bringen Sie Ihrem Hund die Bedeutung der neuen Vokabeln bei: Dazu zeigen Sie ihm das Futter, streuen es aus – und sobald sich der Hund von selbst auf die Suche macht, sagen Sie Ihr neues Signal („Such Futter!").
- Wiederholen Sie das, wann immer Sie Ihren Hund in den nächsten Tagen und Wochen auf Futtersuche schicken.
- Nach frühestens 20 Wiederholungen können Sie einen Test wagen. Sie streuen ein wenig Futter aus, ohne dass Ihr Hund Sie dabei beobachtet. Dann rufen Sie Ihren Hund. Sagen Sie Ihr neues Signal („Such Futter!"), zeigen Sie gleichzeitig auf das „Suchgebiet" – und mit ziemlicher Sicherheit weiß Ihr Hund dann, was zu tun ist.

Welche Spielarten Ihnen damit auch offen stehen:

- Sie streuen Ihrem Hund auf dem Spaziergang unbemerkt eine Hand voll Futter auf den Boden, rufen ihn herbei – und lassen ihn als Belohnung auf Futtersuche gehen. Seien Sie sicher: Das ist aus Hundesicht um ein Vielfaches attraktiver als das übliche Leckerli „aus der Hand". Die Chancen sind gut, dass Ihr Hund künftig noch viel besser herbeirufbar ist. Das funktioniert natürlich auch wunderbar in Haus und Garten.

- Sie verstecken, ohne dass Ihr Hund es merkt, einen Kau-Artikel irgendwo im Raum. Ihren Vierbeiner erwartet dann nicht nur eine spannende Suche, sondern anschließend auch noch eine Menge Knabberspaß.
- Wenn Ihr Hund Dosen- oder Frischfutter erhält, das normalerweise nicht „einfach so" ausgestreut werden kann (schon gar nicht in der Wohnung ...): Füllen Sie es in Schälchen, Näpfe oder Kauspielzeuge (zum Beispiel in einen Kong) und verstecken Sie sie in aller Ruhe, ehe Sie Ihren Hund herbeiholen und ihn mit dem Suchsignal auf Schnüffeltour schicken.

Erst „Sitz", dann kommt das Suchsignal: kleine Suchrituale schaffen Sicherheit.

Futterschnüffeln – aber sicher!

Ihnen ist nicht ganz wohl bei dem Gedanken, Ihren Hund Futter gezielt vom Boden aufsammeln zu lassen? Sie haben Bedenken, dass er draußen einmal das „falsche Futter" findet und gar vergiftet werden könnte? Lassen Sie sich ein wenig beruhigen: Das Risiko, dass Ihr Hund etwas Verbotenes frisst, erhöht sich normalerweise nicht, nur weil Sie ihm Futtersuchspiele erlauben. Ihr Vierbeiner wird dadurch nicht zu einem größeren Müllschlucker!

Wenn Sie dennoch auf Nummer Sicher gehen wollen, beachten Sie bei Ihren Futtersuchspielen einfach Folgendes:

- Der Anfang der Suche wird immer mit einem Suchsignal (etwa „Such Futter!") angekündigt. So weiß Ihr Hund genau: Jetzt ist Futterschnüffeln erlaubt!
- Sie können Ihr kleines Such-Ritual noch dadurch verstärken, dass Ihr Hund erst kurz „Sitz" machen muss, bevor Sie ihn mit Suchsignal zum Futterschnüffeln schicken.
- Falls Ihnen das immer noch nicht sicher genug ist, beschränken Sie das Futterschnüffeln auf bestimmte Orte: zum Beispiel auf das Haus und/oder den Garten. Lassen Sie sich allerdings gesagt sein: Ihnen und Ihrem Hund entgeht etwas, wenn Sie unterwegs, zum Beispiel auf dem Spaziergang, auf das Futterschnüffeln verzichten – das werden Sie im Laufe des Buches noch sehen.

Das Prinzip Schnüffelkiste

Das macht Hund und Mensch ganz besonders viel Spaß: Anstelle in den Futternapf füllen Sie die Mahlzeit in eine Schnüffelkiste – und schon ist Ihr Vierbeiner glücklich und beschäftigt. Das Prinzip ist immer das gleiche: Kartons oder andere Behältnisse werden mit allerlei „Füllstoff" bepackt. Dann wird Futter darin versteckt. Je nach Größe der Kisten und Hunde können die Vierbeiner entweder von außen schnüffeln und fressen – oder sogar ganz hineinsteigen.

EXTRA: Tipps für Spaß mit Schnüffelkiste

- Probieren Sie unterschiedliche „Kisten" aus: ob kleine oder große Kartons, hohe oder niedrige Kunststoffboxen, Wäschekorbe oder sogar Plantschbecken (ohne Wasser darin, versteht sich) – Ihrer Kreativität sind keine Grenzen gesetzt. Sie sollten nur darauf achten, dass Ihr Hund mühelos mit dem Kopf über den Rand gelangen kann. Kartons können Sie passend zurecht schneiden.
- Verwenden Sie nur Füllstoff, der für Ihren Hund unbedenklich ist: Beispielsweise würden Sie die Kiste für Ihren großen Hund nicht mit kleinen Bällen füllen oder keinesfalls Packpapier verwenden, wenn Ihr Hund dazu neigt, es mitzufressen. Lassen Sie Ihren Hund niemals allein mit der Schnüffelkiste, ehe Sie nicht ausprobiert haben, wie er mit dem Füllstoff umgeht!
- Für Schnüffelkisten-Anfänger: Ideal für den Einstieg sind flache Kartons, mit wenig Füllstoff darin und dafür umso mehr Futter. Ihr Hund hat so besonders schnell Erfolg – und gewöhnt sich allmählich daran, ausdauern-

Dagegen ist jeder Futternapf langweilig: die Schnüffelkiste!

der im raschelnden oder rappelnden Füllmaterial nach Futter zu suchen.

- Je nach Kistengröße und Temperament des Hundes ist es hilfreich, die Schnüffelkiste am Anfang gut festzuhalten, sodass sie während der Suche nicht hin und her rutscht oder umfällt. Je kleiner und beweglicher die Kiste, desto wichtiger ist das.
- Verzichten Sie darauf, den Hund anzufassen oder zu knuddeln, wenn er gerade auf Tauchstation in der Schnüffelkiste ist. Er könnte sich sonst gehörig erschrecken. Wenn Sie begeistert davon sind, wie toll er sucht: Sagen Sie ihm einfach ein paar nette Worte. Das wird ihn auch ermutigen, wenn er die neue Kiste noch etwas unheimlich findet.
- Die meisten Familienhunde werden keine Probleme damit haben, wenn Sie die Schnüffelkiste nach der Suche wieder wegnehmen. Wenn Sie auf Nummer Sicher gehen wollen: Halten Sie ein paar attraktive Leckerlis als Tauschobjekte bereit. Künden Sie das anstehende Tauschgeschäft (Ihr Hund erhält die Futterbröckchen, Sie nehmen die Schnüffelkiste weg) zum Beispiel mit dem Wort „Tauschen!“ an und werfen Sie die Leckerlis ein Stück von der Schnüffelkiste weg in den Raum. Während Ihr Hund das Futter aufsammelt, nehmen Sie in Ruhe die Kiste an sich.

Suchspaß im Packpapier

Der Klassiker: Knüllen Sie Zeitungspapier zusammen und füllen Sie es in einen Karton oder eine beliebige andere Kiste. Zwischen den Papierbällen verstecken Sie das Futter.

Gut verwendbar und vor allem frei von Druckerschwärze ist auch Packpapier. Entweder Sie kaufen sich gleich eine ganze Rolle, oder aber Sie sammeln künftig einfach das Packpapier, mit dem Einkäufe umwickelt oder Pakete aufgefüllt sind. So haben Sie immer Füllstoff für Ihre Schnüffelkisten.

Extratipp für noch mehr Spaß
Wer den Spaßfaktor erhöhen möchte, versteckt das Futter nicht nur zwischen den Papierbällen, sondern verpackt es auch noch darin! Wickeln Sie zu Beginn das Futter aber nur ganz locker ein, damit Ihr Hund immer schnell Erfolge hat. Er muss sich erst an diese neue Spielart gewöhnen.

Eine Kiste, etwas Packpapier und jede Menge Spaß: Hier wird die Hunde-Mahlzeit zum Vergnügen für Drei.

Klarer Vorteil für kleine Hunde: Ein Hundepool wird zur begehbaren Schnüffelkiste.

Ein Wäschekorb voller Papprollen: Dass ihre Mahlzeit in diesem „Napf" versenkt wird, findet Chayenne toll.

Der Papprollen-Pool

Papprollen von Klo- und Küchenpapier fallen in jedem Haushalt ständig an. Schön für Ihren Hund! Denn wenn Sie ab sofort fleißig sammeln, dann können Sie ihn bald mit einem ganzen Klorollen-Pool beglücken. Zwischen und in den Papprollen verschwindet das Futter besonders gut. Wieder eine neue Variante des Suchspaßes.

Benny interessiert sich nicht übermäßig für Bälle – dafür aber umso mehr für Futter. Start frei für ein buntes Schnüffelvergnügen. Hunde, die so „ballverrückt" sind, dass sie das Futter in der Kiste kaum wahrnehmen, schnüffeln besser in einem anderen Füllstoff.

Bällebad mal anders

Diese Schnüffelkiste ist besonders bunt: Vielleicht steht auf Ihrem Dachboden noch eine Tüte ausrangierter Bälle aus dem Kinderzimmer, wie sie häufig in Ballbädern und Kinderspielzelten verwendet werden? Unter der Voraussetzung, dass die Größe passt (Ihr Hund die Bälle also nicht verschlucken kann und er auch keine Anstalten macht, hineinzubeißen), sind sie ein toller Füllstoff für die Schnüffelkiste. Die besondere Herausforderung: Die Bälle können weder dauerhaft an die Seite geschoben noch plattgetreten werden. Sobald der Hund seine Nase herauszieht, schließt sich die Lücke wieder und das versteckte Futter bleibt unsichtbar.

Einstiegstipp ins Bällebad

Falls die Kiste so groß ist, dass Ihr Hund ganz oder mit den Vorderpfoten hineinsteigen kann: Es ist für viele Hunde zunächst ein echtes Abenteuer, ihre Pfoten zwischen den Bällen abzusetzen! Sollte Ihr Hund damit erst Schwierigkeiten haben, machen Sie es ihm leicht und starten mit ganz wenigen Bällen.

Füllstoff querbeet

Ihrer Kreativität sind keine Grenzen gesetzt. Experimentieren Sie, welches Füllmaterial Sie für Ihre Schnüffelkisten noch verwenden können:

- Alte Decken, Handtücher und Socken eignen sich beispielsweise gut als Füllstoff.
- Im wahrsten Sinne des Wortes knisternde Spannung können Sie erzeugen, wenn Sie ein paar stabile Plastiktüten oder -säcke aufschneiden (damit Ihr Hund nicht mit dem Kopf drin hängenbleibt), sie ein wenig zusammenraffen und in die Schnüffelkiste füllen. Lassen Sie Ihren Hund damit allerdings niemals unbeaufsichtigt: Sollte er Anstalten machen, die Plastikfolie zu zerreißen, nehmen Sie die Kiste sofort wieder an sich und tauschen Sie den Füllstoff aus.
- Vielleicht haben Sie auch Lust, die verschiedensten Füllstoffe zu mischen und damit einen großen flachen Karton als Riesenschnüffelkiste bis zum Rand zu füllen? Ihr Hund wird begeistert sein.
- Übrigens: Es kommt auch gut an, eine Schnüffelkiste mit Wasser zu füllen! Da das aber ein recht feucht-fröhlicher Spaß ist, finden Sie die Anleitung dazu im Kapitel „Nase im Außendienst: Schnüffelspiele für draußen und unterwegs". Ab Seite 100 erfahren Sie mehr über das Wassergeschnüffel.

Extratipp: Beschäftigungsspaß XXL

Ihre Schnüffelkiste wird zu einer echten Wunderbox, wenn Ihr Hund nie genau weiß, was er darin findet. Zusätzlich zu den „normalen" Futterbröckchen verstecken Sie beispielsweise

- einen Kauknochen,
- gefüllte Kau-Spielzeuge/Futterbälle,
- eine Papiertüte mit Futter zum Auspacken,

und was immer Ihnen sonst noch einfällt. Das ist nicht nur eine Riesenüberraschung, sondern bedeutet auch extralange zusätzliche Beschäftigung! Denn Vieles von dem, was Ihr Hund beim Suchen findet, muss er noch weiterbearbeiten: aus der Kiste hervorholen, auspacken, entleeren, zerkauen und so weiter. Eine einzige Schnüffelkiste bringt damit im Nu eine halbe Stunde und mehr Beschäftigungsspaß.

Überraschung! Coda hat in seiner Schnüffelkiste ein mit Futter gefülltes Kauspielzeug gefunden – gleich doppelter Beschäftigungsspaß!

Schnüffelbox in Seitenlage

Stellen Sie die Welt Ihres Nasenspezialisten im wahrsten Sinne des Wortes auf den Kopf – und überraschen Sie ihn mit einer Schnüffelkiste in Seitenlage:

- Nehmen Sie dazu einen hohen Karton, füllen Sie ihn mit zusammengeknülltem Packpapier, verstecken Sie Futter darin – und legen den Karton dann auf die Seite. Auch mit Packpapier gefüllte Eimer, große stabile Papiertüten und Kunststoff-Gartenkörbe eignen sich für den Schnüffelspaß in Seitenlage.
- Je kleiner der Hund und je größer das Behältnis, umso tiefer muss er hineinkrabbeln. Das kann ganz schön abenteuerlich werden. Deshalb ganz wichtig: Halten Sie das Behältnis anfangs immer gut fest. Denn wenn der Karton plötzlich wackelt, der Eimer rollt oder der Hundekopf in der Papiertüte feststeckt, dann ist der Spaß schnell zu Ende.
- Erst wenn Sie das Gefühl haben, Ihr Hund ist mit dem Spiel vertraut und geht unerschrocken zu Werke, können Sie allmählich loslassen. Dann wird es spannend, wie Ihr Hund das Problem selbständig löst. Bleiben Sie aber immer in der Nähe, damit niemals Panik aufkommt.

Nasenspaß und Mutprobe in einem: Der Eimer wird zunächst gut festgehalten, während Kiwi auf Schnüffeltour geht.

Abenteuer pur: Zum Schnüffeln geht's in die Röhre!

Stöbern in der Röhre

Die Steigerung der Schnüffelbox in Seitenlage (siehe Seite 59) – jetzt guckt Ihr Hund nicht nur in die Röhre, sondern muss komplett darin verschwinden, um im Füllstoff zu stöbern. Was diese Spielart zu einem besonderen Abenteuer macht: Selbst für Hunde, die das Durchlaufen eines Tunnels schon kennen, ist es meist komplett ungewohnt, sich länger darin aufzuhalten und sich sogar darin zu drehen und zu wenden. Und so geht's:

- Als „Tunnel" eignen sich – je nach Größe Ihres Hundes – Kinderspieltunnel oder Tunnel aus dem Hundesport. Auch einen tonnenförmigen, stabilen Gartenlaubsack können Sie in einen Tunnel verwandeln, wenn Sie den Boden herausschneiden.
- Idealer Füllstoff ist eine Wolldecke. Aber auch Packpapier oder – als besonderes Abenteuer – eine raschelnde Plastikplane sind verwendbar.
- Wichtig vorab: Halten Sie den Tunnel stets gut fest – damit er nicht mitsamt Ihrem Hund umkippt oder wegrollt! Erst, wenn Ihr Hund sich mutig in der Röhre bewegt, können Sie auch einmal loslassen, sind aber trotzdem immer dabei.
- Um Ihren Hund an den Aufenthalt im Tunnel zu gewöhnen, lassen Sie den Füllstoff zunächst außen vor. Werfen Sie mehrere Futterbröckchen in den leeren Tunnel, die Ihr Hund aufsammeln darf.
- Dann füllen Sie immer mehr Füllstoff ein, in dem Sie das Futter verbergen: Erst bedecken Sie nur leicht den Tunnelboden, dann muss Ihr Hund sich immer mehr durchwühlen.

Tipp

Sie sind Hundesportler und befürchten, Ihr Hund unterbricht demnächst bei Agility und Co. den rasanten Lauf durch den Tunnel, um dort erst einmal zu schnüffeln? Meist reicht es schon, wenn der Schnüffelspaß an einem anderen Ort und in einem anderen Tunnel stattfindet, damit keine Verwechselung aufkommt. Wenn Sie trotzdem Bedenken haben: Dann spielen Sie einfach eine der vielen anderen Spielarten der Schnüffelkiste.

Ein Karton und jede Menge Möglichkeiten: Nicht nur das Innenleben, sondern auch die Seitenwände lassen sich mit Schnüffelüberraschungen aller Art ausstatten. Die Innenausstattung hier: ein Blumentropftray aus dem Baumarkt, Packpapier und etwas Wellpappe.

Schnüffelcenter „3 D“

Spätestens jetzt werden Sie merken, warum Beschäftigung für Hunde auch oft etwas mit Kreativitätstraining für Menschen zu tun hat. Denn bei der Königin der Schnüffelkisten können Sie Ihren Einfallsreichtum voll entfalten: Aus einem großen Karton (Mindestgröße: Umzugskarton) gestalten Sie ein echtes Freizeitparadies für Ihren Hund. Die Besonderheit: Sie beziehen auch die Seitenwände ein – und zu schnüffeln gibt's sowohl von innen als auch von außen etwas!

Als erstes geht es an den Rohbau:

- Stellen Sie den Karton zunächst so hin, dass die obere Seite offen bleibt.
- Jetzt schneiden Sie eine der vier Außenseiten fast vollständig auf, sodass Ihr Hund bequem in die Kiste gelangen kann. Damit der Karton stabil bleibt,

Extratipp für noch mehr Spaß

Ein ausreichend großer Karton kann auch zur „Schnüffelgarage“ werden, in der Ihr Hund komplett verschwindet. Besonders kleinen Hunden steht dieses ganz besondere Schnüffelvergnügen offen. Entweder Sie drehen den Karton von vornherein so, dass nur die Vorderseite offen ist. Oder Sie legen einfach eine Decke auf die offene Oberseite.

Schnüffelspaß ohne Ende: Hier sind ein Gitterball, ein Plastikbecher und eine Pappröhre als Futterverstecke in die Seitenwände „eingebaut“ worden.

Tipp
Schneiden Sie die Öffnungen und Ritzen in den Seitenwänden so knapp, dass Ihre Schnüffelüberraschungen nur mit Mühe hineinzuschieben sind – dann halten sie auch richtig gut.

entfernen Sie die Seite nicht komplett, sondern lassen einen kleinen Rand stehen.

Dann kommt die Innenausstattung an die Reihe. Sie beginnen mit dem Boden. Dort finden Futterverstecke der verschiedensten Art Platz – einzeln oder in Kombination. Verwenden können Sie beispielsweise

- Packpapier, Klorollen, Bälle, alte Tücher und Decken – also alles, was Sie sonst auch in Ihre „normalen“ Schnüffelkisten füllen.
- Blumentopftrays aus dem Gartencenter (das sind kleine Kunststoffpaletten zum Transport von Blumentöpfen): Stopfen Sie ein Packpapierbällchen in jede Aussparung – und fertig ist das Futterversteck. Das gleiche können Sie mit auseinandergeklappten Eierkartons machen. Auch kleine Papp-Paletten zur Lagerung von Joghurtbechern aus dem Supermarkt eignen sich dafür.
- anderes „interessantes“ Verpackungsmaterial aus Papier und Pappe: zum Beispiel Papierpolster und Wellpappe, wie

Lassen Sie Ihrer Kreativität freien Lauf! Dieses Schnüffelcenter zum Beispiel hat ganz viele „Mauselöcher" in den Seiten, bestehend aus passgenau eingesetzten Toilettenpapier-Papprollen. Diese können Sie direkt mit Futter bestücken, oder Sie lassen mit Futter gefüllte Packpapier-Päckchen zum Herausziehen darin verschwinden.

sie zur Fixierung von Packgütern benutzt werden.

Füllen Sie die Kiste nicht zu hoch, sonst bleibt kein Raum mehr für die Ausstattung der Seitenwände. Die nehmen Sie sich als nächstes vor: Schneiden Sie mit dem Kartonmesser passend große Ritzen und Öffnungen in die Seiten. Darin fixieren Sie verschiedenste Futterverstecke und Überraschungen für Ihren Hund, auf die er beim Schnüffeln stößt, zum Beispiel:

- Pappröhren: Klopapier-Papprollen können von beiden Seiten mit Packpapier gefüllt werden, in das Sie ein wenig Futter einwickeln. Die etwas längeren Küchenpapierrollen lassen sich auch gut über Eck durch die eingeschnittenen Kartonwände schieben.
- stabile Kunststoffbecher: Ihr Hund steckt schnüffelnd seine Nase hinein – und findet ein Futterbröckchen, etwas im Becher verstrichene Hunde-Leberwurst oder einen in Packpapier gewickelten Leckerbissen. Wenn Sie mehrere Becher in Ihre Kiste einbauen: Variieren Sie, ob die Öffnungen von der Innen- oder der Außenseite des Kartons zu erreichen sind.
- diverse Naturkautschuk-Spielzeuge: Überlegen Sie, welche der Spielzeuge Ihres Hundes als Futterverstecke in Ihre Schnüffelkiste eingebaut werden könnten. Je flexibler das Material, umso besser sind die Spielzeuge in den Aussparungen der Schnüffelkistenwand zu fixieren. Gitterbälle beispielsweise eignen sich gut: Ihre Waben bieten vielfältige Möglichkeiten, Futter darin einzuklemmen oder regelrecht einzuflechten.
- Leckerbissen pur: Kaustangen und -streifen, Hundekekse, Trockenfisch, kleine Hundemettwürste – alles, was vergleichsweise hart und knackig ist, lässt sich wunderbar in kleinen Ritzen der Kartonwände einklemmen.

Lassen Sie Ihrer Kreativität freien Lauf. Ihnen fällt bestimmt noch viel mehr ein, womit Sie Ihr Schnüffelcenter ausstatten können.

Lecker lecker: Barry darf sich gleich durch drei Decken wühlen!

Dufte Decke

Wussten Sie, dass schon eine einzige Wolldecke locker mit jedem käuflichen Hundespiel mithalten kann? Je nachdem, wie Sie die Decke zusammenlegen oder -falten, entstehen immer neue Verstecke – und neue Herausforderungen!

! EXTRA: Abwechslung macht schlau – und mutig!

Warum all die Varianten, mögen Sie sich fragen?! Natürlich müssen Sie nicht jeden Tag das Rad neu erfinden. Aber es gibt gute Gründe, für ein wenig Abwechslung zu sorgen: Wann immer Ihr Hund etwas Neues ausprobiert, dann ist das gleichzeitig Denksport für ihn. Er muss tüfteln, überlegen, sich andere Strategien ausdenken. Das hält fit im Kopf und geistig rege! Außerdem: Jede neue Herausforderung, die Ihr Hund erfolgreich meistert, macht ihn ein Stück zufriedener. Unsichere Zeitgenossen, die skeptisch gegenüber Neuem sind, profitieren ganz besonders davon. Mit jeder bewältigten Mutprobe fassen sie ein Stück mehr Selbstvertrauen. Ganz abgesehen davon: Abwechslung macht einfach Spaß!

Supernase in Schlaraffendecke

Legen Sie eine alte Wolldecke locker so zusammen, dass ein „Deckenberg“ mit vielen Falten entsteht. In diesen Falten verstecken Sie die Futterbröckchen – und los geht der Schnüffel- und Stöberspaß.

Erfolgreich im Deckenberg

Wenn Ihr Hund noch Schlaraffendecken-unerfahren ist: Legen Sie das Futter zunächst eher *auf* als *in* die Decke. Erst wenn das gut klappt, werden Ihre Verstecke allmählich schwieriger. Sie können Ihrem Hund den Einstieg zusätzlich erleichtern, indem Sie zu Beginn besonders gut duftende Leckerlis verwenden.

Tolle Rolle: Wenn Sie den Wrap zu Beginn nicht ganz aufrollen, kann Ihr Hund beim Schnüffeln auf den Rand treten und das Abrollen geht leichter. Hier sorgt außerdem der darunter liegende Teppich für zusätzliche Rutschfestigkeit.

Schlemmerspaß im Wrap

Diesmal wird das Futter eingewickelt! Besonders leicht geht das mit Tischläufern aus dickem Stoff oder kleinen Teppichen:

- Rollen Sie Tischläufer oder Teppich auf und verstecken dabei in jeder Windung ein Bröckchen Futter. Lassen Sie am Ende einen kleinen Rand stehen: Wenn Ihr Hund beim Schnüffeln darauf tritt, geht das Abrollen leichter.
- Ihr Vierbeiner ist noch neu im Spiel? Dann hilft es ihm, wenn das erste Bröckchen Futter nicht ganz eingewickelt ist, sodass er es sofort erreichen kann. Je dichter aufeinander die Futterbröckchen dann folgen, umso einfacher ist es!
- Kommt Ihr Hund gut klar und das Abrollen geht schnell vonstatten? Dann kann es schwieriger werden: Wickeln Sie das Futter anstatt in Tischläufer oder Teppiche in eine Hundedecke oder in ein großes Handtuch ein. Je weicher das Material Ihres Wraps, umso kniffliger wird das Entpacken. Möglich, dass dabei auch Pfote und Schnauze zum Einsatz kommen und das Abrollen eher zum Wühlen wird.

Extratipp: Vom Schnüffel-Wrap zum Zirkustrick

Schon gemerkt? Ihr Schnüffel-Wrap hat ganz viel Ähnlichkeit mit dem Zirkustrick „Teppich abrollen". Wenn Sie Lust haben, dieses Kunststück weiter auszubauen: Ihr Hund muss dafür nur lernen, den Teppich oder Tischläufer in einem Schwung komplett abzurollen. Dafür reduzieren Sie allmählich die Anzahl der eingewickelten Futterbröckchen – bis schließlich nur noch am Ende des „Abrollvorgangs" eins gefunden wird. Ihr Hund wird so immer ausdauernder und schneller im Abrollen, denn er lernt: „Es dauert ein wenig, bis das Futter kommt." Bald brauchen Sie den Teppich nur noch zusammengerollt hinlegen – und Ihr Hund macht sich begeistert ans Abrollen. Vielleicht darf er auf dem ausgerollten Teppich dann seine Lieblings-Übung vorführen? Ihr Publikum wird begeistert sein.

Die Wickeltechnik macht den Unterschied: Bevor Sie die Decke zusammenrollen, falten Sie sie ein oder zwei Mal in Längsrichtung zusammen. Dann bestücken Sie die Windungen der Futterschnecke mit Leckerbissen.

Die Futterschnecke

Ihr Hund ist bereits routiniert mit dem Wrap? Dann probieren Sie die Futterschnecke:

- Legen Sie eine große Decke flach auf den Boden.
- Falten Sie sie ein- oder zweimal in Längsrichtung.
- Die so entstehende „Bahn" rollen Sie fest zusammen.
- Dann stopfen Sie von beiden Seiten Futter zwischen die Windlungen Ihrer Schnecke.
- Die Futterschnecke können Sie Ihrem Hund hinlegen, aufrecht hinstellen – oder zur Abwechslung auch einmal zum Herausarbeiten unter das Sofa schieben.

Was Sie und Ihr Hund erleben werden: Abwickeln allein reicht hier nicht! Die meisten Futterbröckchen verbergen sich zwischen den aufeinandergefalteten Lagen, durch die sich der Hund zusätzlich wühlen muss.

Je öfter sich die Decke falten lässt, desto vielschichtiger wird der Schnüffelspaß.

Schlemmen in Schichten

Jetzt wird gefaltet, was das Zeug hält: Je öfter sich die Decke falten lässt, desto vielschichtiger wird der Schnüffelspaß.

- Breiten Sie eine große Decke auf dem Boden aus.
- Falten Sie sie so oft über die Mitte zusammen, bis es nicht mehr geht.
- Die sich ergebenden „Seitentaschen" bestücken Sie mit Futter.

Während Sie zu Beginn ruhig jede „Tasche" mit einem Futterbröckchen befüllen, muss das mit zunehmender Übung nicht mehr sein. Dann wird Ihr Hund auch die gesamte Decke nach einem oder zwei Futterstückchen durchkämmen.

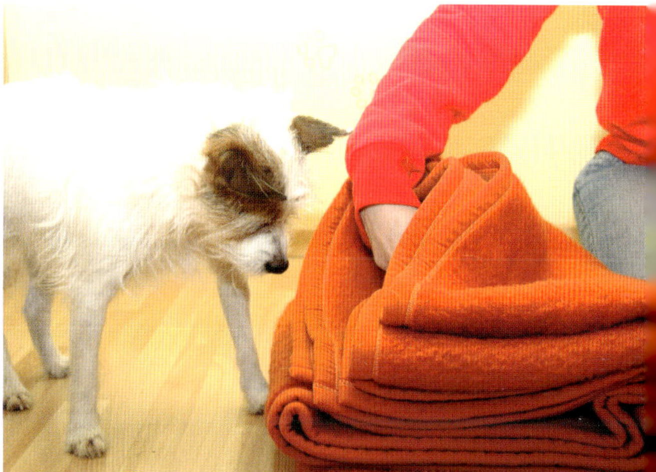

Erst werden die Seitentaschen mit Futter bestückt und dann geht's los.

Geht in allen Größen: Hier wird ein Handtuch zur Calzone mini.

Schnüffeln Calzone

Sie wissen ja: Abwechslung bringt das Gehirn in Schwung. Deshalb eine weitere Verpackungsvariante für Ihr Futtergeschnüffel: Breiten Sie eine Decke oder ein Handtuch auf dem Boden aus. Legen Sie auf die eine Deckenhälfte etwas Futter. Die andere Hälfte klappen Sie dann einfach darüber. Natürlich erwarten Sie nicht, dass Ihr Hund seine Pizza Calzone säuberlich auseinandergeklappt. Er wird sich vermutlich eher hindurchwühlen – und dabei eine Menge zu schnüffeln haben.

Schnelleinstieg für Calzone-Fans

Ihr Vierbeiner gibt vorschnell auf? Dann bringen Sie ihn auf den Geschmack: Klappen Sie die Calzone zunächst nicht ganz zu. Legen Sie die Seiten so, dass eine kleine Öffnung bleibt, durch die die Hundeschnauze ins Deckeninnere gelangen kann. Diese Öffnung fällt von Mal zu Mal kleiner aus – bis sie schließlich überflüssig wird.

Eine Spielart mehr mit Decke: Schnüffeln und Scharren am liegenden Teppich.

Liegender Teppich

In diesem Spiel dürfen Sie wortwörtlich alles unter den Teppich kehren – und Ihren Hund wird's freuen: Legen Sie eine große Decke flach auf den Boden, verbergen Sie darunter ein paar Futterbröckchen – und schon kann es losgehen. Ein Schnüffel-, Wühl- und Buddelspaß!

Liegender Teppich – leicht gemacht

Ihr Hund ist Schnüffel-Einsteiger? Dann legen Sie die Decke zunächst in lockere Falten, sodass die Hundenase einfacher darunter gelangen kann.

Zum Verschenken gut!

Sie haben das Kapitel „Dufte Decke“ durchstöbert und sind begeistert, wie viele Schnüffelideen in einer einzigen Decke stecken? Dann freut es Sie vielleicht erst recht: Aus der simplen Grundidee lässt sich im Handumdrehen eine kreative und dazu preiswerte Geschenkidee für andere Hundebegeisterte zaubern.

Alles, was Sie dafür brauchen:

- eine möglichst große Decke (pflegeleicht und waschbar, beispielsweise aus Fleece),
- ein farblich passendes, dekoratives Schleifenband
- und ein Blatt Papier im Drucker!

Und so geht's

- Gerade, wenn die Decke nagelneu ist: Waschen Sie sie einmal gründlich in der Waschmaschine, um chemische Rückstände auszuspülen.
- Rollen oder falten Sie die Decke hübsch zusammen und dekorieren Sie sie mit dem Schleifenband.
- Werfen Sie Ihren Computer an und gehen Sie ins Internet. Unter www.spass-mit-hund.de/schnueffeldecke können Sie sich kostenlos einen Handzettel herunterladen und ausdrucken. Auf ihm finden Sie alle Deckenspiele auf einen Blick: eine Kurzanleitung, die dem Beschenkten verrät, was mit der Decke möglich ist – und die den schlichten Alltagsgegenstand im Nu in ein hochwertiges und vielseitiges Hundespiel verwandelt!
- Bringen Sie den Handzettel – beispielsweise zusammengerollt und an der Schleife befestigt – an Ihrer Decke an.
- Wenn Sie mögen, packen Sie die Decke zusätzlich in Geschenkpapier oder ein einen hübschen Aufbewahrungskarton.

Ganz sicher: Dieses Geschenk kommt gut an!

Hübsch verpackt, Kurzanleitung beigefügt: So wird aus der schlichten Decke ein hochwertiges Hundespiel zum Verschenken.

Lecker Verstecke

Lust auf noch mehr Abwechslung auf dem Speise- und Beschäftigungsplan Ihres Hundes? Es gibt jede Menge weiterer Möglichkeiten, komplette Mahlzeiten im Schnüffelspiel zu verfüttern.

Lasagne druckfrisch

Bevor Sie die Tageszeitung ins Altpapier geben: Packen Sie Futterbröckchen zwischen die Seiten – und fertig ist der Lesespaß der anderen Art. Je dicker und zahlreicher die Futterbröckchen, umso einfacher ist das Geschnüffel. Je flacher sie sind, desto schwerer wird es.

Achtung!
Alte Zeitschriften oder ausrangierte Bücher sind für diesen Schnüffelspaß im Regelfall nicht geeignet. Ihre Seitenränder sind zu scharfkantig!

Zeitunglesen mal anders: Liesels Mahlzeit wird zwischen den Seiten versteckt.

Snackbar auf Gummimatte

Hätten Sie gewusst, was eine „Ringgummimatte“ ist? Vielleicht liegt bereits eine vor Ihrer Haustür. Ringgummimatten sind robuste, dicke Outdoor-Fußmatten zum Abstreifen von grobem Schmutz. Was sie für das Schnüffeln so interessant macht: Sie bestehen aus einer Art Wabenstruktur. Vermutlich ahnen Sie es schon: Diese Waben lassen sich hervorragend mit Futter bestücken, das Ihr Hund dann aufspüren und herausarbeiten darf. Wie groß die Herausforderung tatsächlich ist, hängt von der Größe und Dicke der Matte, von der Anzahl darin versteckter Futterbröckchen (je mehr, desto leichter!) und auch von der Größe und Form der Hundeschnauze ab.

Tipp

Nur für den Fall, dass Sie eine Ringgummimatte extra für den Schnüffelspaß kaufen: Lassen Sie sie erst ein paar Tage lang ausdünsten, damit der Gummigeruch etwas verfliegt. Weil Ringgummimatten bestimmt nicht lebensmittelecht sind: Sollte Ihr Hund extrem daran knabbern oder schlecken, wechseln Sie lieber zu einem anderen Spielvorschlag.

Eben noch eine Fußmatte, ab sofort ein Schnüffelspiel – Polly ist mit Feuereifer dabei!

Galadinner in Jeans

Wussten Sie, wie viele Futterverstecke eine ausrangierte Jeanshose bietet? Packen Sie Futter in alle Taschen. Verstauen Sie es in den Hosenbeinen. Krempeln Sie ein Hosenbein um und stecken Sie in den Umschlag ein paar Bröckchen. Machen Sie Knoten in ein Hosenbein und bestücken Sie die Knoten von außen mit Futter. Vielleicht mögen Sie als besondere Überraschung auch noch einen gefüllten Futterball ins Hosenbein schieben oder eine Kaustange in die Gürtelschlaufen einflechten? Dann guten Appetit!

EXTRA: Wird mein Hund nicht zum Zerstörer?

Sie kennen nun schon eine Menge Schnüffelspiele, in denen sich Ihr Hund mit Kartons, alten Zeitungen oder Handtüchern vergnügt. Und nun kommt auch noch eine alte Jeans dazu. Sie fragen sich, ob Ihr Hund demnächst seine Nase in alle Papierberge, Tücher oder Kleidungsstücke in Ihrem Haushalt stecken wird – in der Hoffnung, es ist Futter drin? Machen Sie sich keine Sorgen: Ihr Hund wird normalerweise nicht zum Zerstörer, bloß weil Sie ihm Spiele aus Alltagsgegenständen basteln. Im Gegenteil: Wenn Sie ihm genug Erlaubtes zu tun geben, wird er sich weniger eigene Hobbys suchen. Außerdem ist es für ihn klar erkennbar, wenn ein Spiel für ihn gedacht ist: Sie statten es mit Futter aus, Sie überreichen es ihm explizit und Sie fordern ihn auf, sich damit zu befassen. Eindeutiger geht es nicht.

Ein Hasenohr in den Gürtelschlaufen, ein Futterball im Hosenbein, Kekse in den Taschen – und noch jede Menge weitere Überraschungen: Diese Jeans ist ein gefundenes Fressen für Birte!

Toll gerollt!

Gibt's in der Spielzeugkiste Ihres Vierbeiners auch einen Futterball? Prima – dann haben Sie noch eine Möglichkeit mehr für den Schnüffelspaß.

Für alle, die damit nichts anzufangen wissen: Futterbälle sind meist aus stabilem Kunststoff oder aus Naturkautschuk und können mit Trockenfutter oder kleinen Hundekeksen befüllt werden. Sie besitzen ein oder zwei Öffnungen, aus denen das Futter herausfällt, wenn der Hund den Ball mit der Schnauze oder Pfote vorwärts bewegt. Meist sind sie kugelrund – es gibt aber mittlerweile auch viele andere Formen mit gleichem Prinzip, beispielsweise Würfel oder Kegel.

Und was hat so ein Ball mit dem Schnüffeln zu tun? Das merken Sie, sobald Ihr Hund damit auf dem gemusterten Teppich oder auf dem Rasen unterwegs ist: Ihr Hund sieht das herausfallende Futter auf dem Untergrund nicht direkt – er muss es erst ... erschnüffeln!

Starthilfe für Ball-Neulinge

Ihr Hund probiert das erste Mal einen Futterball aus? Dann füllen Sie den Ball möglichst voll mit Futter, sodass schnell etwas herausfällt. Legen Sie außerdem ein Bröckchen Futter direkt unter den Ball: Ihr Hund wird es beim ersten vorsichtigen Schnüffeln und Anstupsen sofort aufspüren. Dieser schnelle Erfolg macht Lust auf Mehr!

Erst kräftig schubsen – und dann erschnüffeln, wo das Futter herausgefallen ist. Auf dem Rasen wird ein simpler Futterball zum Nasenspaß.

Nasenspielfeld aus Kartons

Überraschen Sie Ihren Hund doch einmal mit einem Nasenspielfeld! Auf kleinstem Raum sorgen darin zahllose Versteckmöglichkeiten für Schnüffelspaß ohne Ende. So einfach geht's:

- Tragen Sie ein paar Pappkartons unterschiedlicher Größe zusammen.
- Legen Sie alle Kartons bunt durcheinander auf den Boden. Platzieren Sie sie so, dass die Öffnungen in verschiedene Richtungen zeigen: einige mit der Öffnung nach oben, einige mit der Öffnung zur Seite, andere stellen Sie auf den Kopf.
- Wenn Kartons mit Deckel dabei sind: Legen Sie die Deckel zunächst nur locker auf, sodass Ihr Hund gut mit der Schnauze hineinlangen kann.

Gleich mehrere Spielarten sind möglich:

- Verteilen Sie eine Handvoll Futterbröckchen in, auf, unter und zwischen den Kartons – und schon kann der Suchspaß losgehen.
- Ihr Hund hat bereits gelernt, auf ein spezielles Suchsignal hin ausdauernd nach einem einzigen Stück Futter (Anleitung ab Seite 51), einem Lieblingsspielzeug (Anleitung ab Seite 96) oder nach einem bestimmten Geruch (Anleitung siehe Kapitel „Kamille – finde ich gut" ab Seite 124) zu suchen? Probieren Sie auch diese Spiele im Nasenspielfeld aus!

Jede Menge Verstecke auf kleinstem Raum: das Nasenspielfeld macht's möglich!

Schnüffelteppich-Bastelspaß

Knüpfen Sie doch mal einen Teppich: einen wuscheligen Schnüffelteppich für Ihren Hund, in dem Sie problemlos eine Handvoll Futterbröckchen verstecken können! Ob Sie damit Ihren eigenen Hund oder einen anderen Hundefreund beschenken – dieser Schnüffelspaß kommt garantiert gut an!

Das Zubehör:

- 2 dünne Fleece-Decken, am schönsten in verschiedenen Farben
- 1 gummierte, im Idealfall waschbare Unterlage, die bereits ein Raster von Löchern aufweist oder in die problemlos Löcher und Schlitze geschnitten werden können. Es eignen sich: Spülbeckenmatten, Teppichstopp, Badezimmer-Antirutschbelag, Schubladeneinlagen, „gelochte“ Gummi-Outdoor-Fußmatten.

Und so geht's:

- Waschen Sie zunächst die Fleecedecken mindestens einmal in der Waschmaschine, um chemische Rückstände auszuspülen.
- Falls die Unterlage nicht bereits Löcher oder Schlitze aufweist, schneiden Sie diese mit der Schere ein. Am besten, Sie zeichnen sich dafür mit Filzstift ein Raster auf der Rückseite an. Eine bewährte Größenordnung: untereinander versetzte Reihen von 3 cm langen Schlitzen (Abstand der Schlitze innerhalb der Reihe: ebenfalls 3 cm), Reihenabstand 1 cm.
- Zerschneiden Sie die Fleecedecke in jeweils ca. 30 cm breite Bahnen (am mühelosesten geht das mit einer Stoffschere). Jede Bahn zerschneiden Sie weiter in Streifen von 5 cm Breite (Länge: 30 cm). Eine Decke von 1,20 m x 1,60 m ergibt somit etwa 128 Streifen von 5 cm x 30 cm.

Das Zubehör für den Bastelspaß: eine gummierte Unterlage, zwei verschiedenfarbige Fleece-Decken und als Werkzeug Schere, eventuell Teppichmesser und Zollstock oder Maßband.

Von hinten besonders gut erkennbar: Der Teppich wird durch ein Raster von Löchern oder Schlitzen geknüpft. Je nach Unterlage müssen Sie sie mit Schere oder Teppichmesser selbst einschneiden.

Knoten für Knoten: Die Fleece-Streifen werden durch die Öffnungen der Unterlage gezogen und auf der Oberseite verknotet.

- Die Fleece-Streifen ziehen Sie durch jeweils zwei gegenüberliegende Löcher beziehungsweise Schlitze und verknoten sie auf der anderen Seite. So entsteht nach und nach auf der Vorderseite ein dichter, wuscheliger Fleece-Flor mit vielen Futter-Versteckmöglichkeiten.

Und jetzt fehlt nur noch Ihr Hund! Viel Spaß!

Kommt sofort gut an: Der Schnüffelteppich in Verwendung

Stöberdecke selbst genäht

Ein paar Handtücher oder Stücke Fleecestoff und eine Nähmaschine: Mehr braucht es nicht, um Ihren Hund mit einer Stöberdecke zu erfreuen:

- Legen Sie mehre gleich oder verschieden große Handtücher oder Stücke Fleecestoff übereinander. Falls Sie diese neu angeschafft haben: Waschen Sie sie vorher in der Waschmaschine, um chemische Rückstände herauszuspülen.
- Wie viele Lagen Ihre Stöberdecke hat, hängt von der Dicke des Stoffs und der Leistungsfähigkeit Ihrer Nähmaschine ab. Benutzen Sie Nadeln für Jeansstoff oder Leder. Lassen Sie im Zweifelsfall die professionelle Nähmaschine eines Schneiders oder Schusters ran!
- Am schönsten sieht es aus, wenn Sie verschiedenfarbige Handtücher oder Stoffstücke verwenden und die Farben abwechselnd schichten.
- Wenn die Handtücher oder Stoffstücke unterschiedlich groß sind: Platzieren Sie sie der Größe nach, das größte nach unten, alle weiteren jeweils zentriert darüber.
- Nähen Sie die Lagen aufeinander: als Kreuz über die Mitte, sodass die Ecken offen sind.

Auf jeder Etage der Stöberdecke stehen nun vier Taschen als Futterverstecke zur Verfügung. Für Ihren Hund heißt es: Erst schnüffeln und dann mit langer Nase zwischen die Stofflagen gelangen, um das Futter herauszuarbeiten.

Stöberdecken-Schnellstart

Bestücken Sie zunächst sämtliche Taschen mit Futter. Platzieren Sie das Futter jeweils im äußeren Randbereich der Taschen, sodass Ihr Hund es leichter aufspüren und herausarbeiten kann. Klappen Sie gegebenenfalls die Ecken der Taschen leicht um. Falls Ihr Hund anfangs probiert, durch Reißen am Stoff weiter zu kommen: Zeigen Sie ihm durch Anheben der Taschen, wo das Futter versteckt ist.

Gleich 6 Lagen dünner Badvorleger wurden in dieser Stöberdecke mit der guten Nähmaschine eines Schneiders aufeinander genäht. Das Resultat: 20 Futterverstecke auf 5 Etagen.

Die Stöberdecke macht ihrem Namen alle Ehre: Schnüffeln und wühlen führen zum Erfolg.

Sherlock Schnüffel auf der Spur

Sie wollen die Mahlzeit Ihres Hundes mit Schnüffelspielen in die Länge ziehen? Nehmen Sie das ruhig wörtlich: Aus der Futterration lässt sich im Nu eine dufte Spur legen, der Ihr Schnüffeldetektiv durch Haus und Garten folgt. Je nach Spielart kann das etwas aufwändiger sein als das bisherige Futtergeschnüffel. Aber besonders wenn Kinder mitspielen, ist dieser Nasenspaß ein echter Hit!

Krümelspur „Hänsel & Gretel“

Eine Krümelspur wie im Märchen:

- Mindestens alle 20 cm legen Sie ein Futterbröckchen ab.
- Lassen Sie Ihre Spur ruhig um die Ecke oder von einem Raum in den anderen verlaufen – das macht die Sache erst richtig spannend.
- Wenn Ihr Hund sich anfangs schwer tut: Legen Sie Ihre Spuren zunächst auf Untergründen, auf denen das Futter gut sichtbar ist. Verwenden Sie übergangsweise besonders verlockend duftende Leckerlis. Später können Sie dann immer noch auf den gemusterten Teppich oder die Rasenfläche umziehen und statt des Superfutters nur noch kleine Krümelchen auslegen.
- Am Ende der Spur sollte ein echtes Highlight auf Ihren Schnüffler warten: Vielleicht ein ganz besonders leckerer Happen oder sogar der Futternapf mit ein paar Extra-Bröckchen drin. Oder der Spurenleger versteckt sich mit einer Leckerei und die Krümelspur führt direkt zu seinem Versteck (dafür müssen Sie aber zu zweit sein, damit einer von Ihnen den Hund festhalten und dann auf die Spur schicken kann).
- Freuen Sie sich mit Ihrem Vierbeiner,

Sherlock Schnüffel auf der Spur: auf dem hellen Boden nur für den Einstieg – und fürs Foto ...

Es gibt viele Möglichkeiten, wie Sie es schaffen können, in Ruhe die Spur zu legen. Joscha zeigt die (für den Hund) anspruchsvollste.

wenn er am Ziel angekommen ist. Das signalisiert ihm auch: „Spur endet hier!“

EXTRA: Wie Sherlock Schnüffel auf die Spur kommt

- Achten Sie darauf, dass Ihr Vierbeiner sich nicht schon beim Spurenlegen an Ihre Fersen heftet – sonst bleibt nicht viel übrig vom Futterpfad. Wie Sie das am besten anstellen? Die Tipps dazu im Kapitel „Was tun mit dem Hund, während ich was verstecke?“ ab Seite 26 helfen Ihnen weiter.
- Wenn Ihr Hund dabei zuschauen kann, wie Sie die Futterspur legen: Viele Vierbeiner neigen dazu, erstmal ans Ende der Spur zu sprinten, um zu sehen, was ihr Mensch dort zuletzt hingelegt hat. Der Schnüffeltipp dagegen: Wenn Sie zurück zu Ihrem wartenden Hund gehen, um ihn auf den duftenden Pfad zu schicken, legen Sie direkt vor seiner Nase noch ein Bröckchen ganz an den Anfang. Das wird ihn mit Sicherheit magisch anziehen – und schon ist er auf der Spur!
- Und wenn Ihr Hund vor der Tür gewartet hat, während Sie aktiv waren: Dann halten Sie ihm ein Stückchen Futter hin und locken ihn damit an den Anfang der Spur. Dort legen Sie Ihr Futterbröckchen ab – und schon ist die Nase auf dem Boden und es geht los.

Duftmalereien

Das ist was für die Kids: Sie dürfen sich eine bestimmte Form ausdenken, in der sie die Spur legen. Dann wird geschaut, wie der vierbeinige Schnüffler sie abarbeitet:

- Läuft er Zahlen und Buchstaben genau so ab, wie man sie mit dem Stift auf Papier schreiben würde? Zum Beispiel eine „3“ oder eine „8“ oder den Buchstaben „M“?
- Läuft er immer im Kreis, wenn die Spur schneckenförmig gelegt wird? Und wie groß muss die Schnecke sein und wie viel Abstand müssen die einzelnen Windungen voneinander haben, damit er tatsächlich auf der Spur bleibt?

- Sieht es lustig aus, wenn die Spur – und damit auch der schnüffelnde Hund – im Zickzack über die Wiese läuft?
- Wenn ein Kind sich eine Form ausdenkt und sie mit Futter dort auslegt, wo sie für das Auge unsichtbar ist (zum Beispiel im Gras): Erraten Sie oder ein zweites Kind anhand des schnüffelnden und fressenden Hundes, ob ein Dreieck, ein Viereck oder ein Kreis auf den Boden „gemalt" wurde?

EXTRA: Und wenn der Schnüffler vom Weg abkommt?

Dann ist das eben so! Kein Grund, enttäuscht zu sein oder zu schimpfen. Ihr Hund hat ja keine Ahnung, dass eine bestimmte Form für ihn ausgelegt worden ist. Haben Sie ein Auge darauf, dass die Kids nicht vor lauter Eifer den Hund packen und auf die Spur zurück ziehen. Überlegen Sie lieber gemeinsam, wie Sie Ihre Spur optimieren können oder ob sich eine andere Form besser eignet. Wichtig zu wissen: Je dichter die Bröckchen hintereinander liegen, umso größer ist die Chance, dass der Hund auf der Spur bleibt.

Klettermaxe

Spiel, Sport, Spannung – Klettermaxe! Das Schnüffelspiel wird hier zum Hundeturnen und, je nach Hund, auch noch zur Mutprobe. Die Futterspur führt diesmal über und durch Hindernisse, zum Beispiel

- unter Tischen und Stühlen hindurch und um Tisch- und Stuhlbeine herum,
- über unterschiedliche Untergründe: ein großes Stück Pappe, eine zusammengefaltete Wolldecke, eine raschelnde Plastikplane, eine auseinandergefaltete Zeitung, eine dicke Gartenstuhl-Auflage, eine wacklige halb aufgeblasene Luftmatratze, ...
- über niedrige Barrieren aus Besenstielen oder „Schwimmnudeln",
- wenn Sie im Garten spielen: auch über ein am Boden liegendes Brett, eine Holzleiter oder ein paar alte Autoreifen,
- über Menschen, die am Boden sitzen oder liegen – mit ausgestreckten oder angewinkelten Beinen.

Weil er ganz mit Schnüffeln beschäftigt ist, wird sich Ihr Vierbeiner vergleichsweise

Duftmalereien für Kira: Cedric legt die Zahl 2 – für das Foto ausnahmsweise auf hellem Boden. Übrigens: So artig wie Kira auf den Start zu warten, das schaffen nur Hunde mit viel Trainingserfahrung.

Drunter und drüber: Diese Krümelspur ist gleichzeitig Gymnastik und Mutprobe. Eingebaut sind hier unter anderem: ein paar Besenstiele zum Drübersteigen, eine Badewanneneinlage, ein Stuhl und eine halb aufgeblasene Luftmatratze.

Wenn's unter den Füßen wackelt, raschelt oder knistert, dann kann das zum echten Abenteuer werden. Helfen Sie Ihrem Hund, es erfolgreich zu bestehen!

langsam durch den Parcours bewegen. Schritt für Schritt, eine Pfote nach der anderen, alle Viere koordiniert – und damit genau so, wie gute Gymnastik sein sollte. Besonders, wenn Ihr Superschnüffler sonst ein Hektiker ist, wird die Entdeckung der Langsamkeit eine ganz neue, spannende Erfahrung für ihn sein. Und wenn Ihr Hund zu den Angsthäschen zählt: Dann hilft ihm die duftende Spur, ganz neue Wege zu beschreiten – auf denen es auch mal raschelt, knistert oder wackelt.

EXTRA: So gelingt die Mutprobe

Ihr Hund probiert, die Hindernisse zu umgehen und stattdessen mit langem Hals aus sicherer Distanz an das Futter zu gelangen? Das ist ein Zeichen dafür, dass ihm die Sache nicht ganz geheuer ist. So unterstützen Sie ihn, die Mutprobe erfolgreich zu bestehen:

- Ganz wichtig: Schimpfen Sie nicht, wenn Ihr Hund vom Weg abweicht. Schieben oder ziehen Sie ihn niemals mit Gewalt auf die Futterspur. Es wird gute Gründe dafür geben, warum er ein Hindernis nicht betritt.
- Gestalten Sie die Hindernisse von Anfang an so, dass der vierbeinige Schnüffler sich auch traut, darüber oder hindurch zu marschieren: Wenn es ihm zunächst nicht geheuer ist, der Futterspur unter einem Stuhl hindurch zu folgen, beginnen Sie beispielsweise mit einem Tisch. Oder wenn er auf der raschelnden Plastikplane nicht laufen mag, dann legen Sie die Spur zunächst über ein großes Stück Pappe oder eine Wolldecke. Steigern Sie den Schwierigkeitsgrad der Hindernisse nur langsam – dann wächst Ihr Vierbeiner mit seinen Aufgaben.
- Legen Sie Ihre Spur zunächst nur über ein einziges Hindernis – und nicht gleich über einen ganzen Parcours. Auch, wenn Sie später mehrere Hindernisse kombinieren: Lassen Sie genügend Platz dazwischen, sodass Ihr Hund immer kurz „sicheren Boden" unter den Füßen hat, ehe es an die nächste Herausforderung geht.
- Und noch ein ganz praktischer Tipp: Wenn Ihre Hindernisse „großflächig" genug sind (Beispiel: sehr großes Stück Pappe oder mehrere nebeneinander liegende Gartenstuhlauflagen), dann kann Ihr Hund gar nicht anders, als sie zu betreten, wenn er ans Futter gelangen will. Auch, wenn Sie Ihre Hindernisse in einem schmalen Flur aufbauen, führt kaum ein Weg daran vorbei.

Nase im Außendienst: Schnüffelspiele draußen

Viel spannender als aus der Hand: Hier lernt Hardy, dass Futter auch auf Bäumen wachsen kann.

Schnüffelspiele draußen – sie sind ein ganz besonderer Spaß. Auf dem Spaziergang oder auch im Garten warten jede Menge spannender Verstecke auf Entdeckung. Nirgendwo sonst lässt sich das Schnüffeln so wunderbar mit anderen Hunde-Lieblingshobbys wie Stöbern, Buddeln, Klettern, Wasserplantschen oder Spurenverfolgen verknüpfen. Im Nu ist ein buntes Programm auf die Beine gestellt, das Abwechslung und geistige Anregung in den Hunde-Alltag bringt. Der angenehme Nebeneffekt: Gut möglich, dass Ihr Schnüffler draußen noch ein Stück aufmerksamer wird und mehr auf Sie achtet – schließlich will er ja nichts verpassen! Übrigens sind die Außenaktivitäten nicht nur eine tolle Beschäftigung für die Vierbeiner: Mit Eltern und Hund draußen zu sein – das wird plötzlich auch für die Kids viel interessanter, wenn Spielespaß auf dem Programm steht.

EXTRA: Tipps für Spielespaß auf dem Spaziergang

- Ein bisschen Spaß muss sein – aber wie viel? Auch, wenn der Wegesrand voller Spiel-Ideen ist: Sie müssen Ihren Hund jetzt nicht dauer-bespaßen. Aus Hundesicht ist es mindestens genauso wertvoll, genügend Zeit zu haben, die Umgebung zu erkunden und die brandheißen Nachrichten an den Laternenpfählen, Grashalmen und Baumstämmen zu studieren (wenn Sie mögen: lesen Sie dazu im Kapitel „Entdecker unterwegs: Der

Spaziergang als Schnüffeltour“ ab Seite 34 nach). Der Tipp für Sie: Bauen Sie nach Belieben ein paar Highlights in die Spaziergänge ein und überraschen Sie Ihren Hund damit. Dazwischen kann er immer wieder auf Erkundungstour gehen. Es gilt die Faustregel: Je mehr es Ihren Hund von Ihnen wegzieht – zum Beispiel aus jagdlichem Interesse – umso wertvoller sind die Schnüffelspiele als „Gegengewicht“ zur Ablenkung rundum.

- Mit oder ohne Leine? Für die meisten Schnüffelspiele spielt es keine Rolle, ob Ihr Hund dabei angeleint ist oder nicht. Sie lassen sich auch wunderbar an der Leine absolvieren. Ideal ist es, wenn Ihr Hund mindestens drei Meter Leinenlänge zur Verfügung hat und der empfindliche Hundehals durch ein Brustgeschirr entlastet wird. Ob mit oder ohne Leine – ob in der Siedlung oder in der freien Natur: Seien Sie rücksichtsvoll. Wann immer Sie das Geschnüffel vom Weg wegführt, informieren Sie sich, ob Sie die Flächen tatsächlich betreten dürfen.

Delikatessen am Wegesrand

Stecken Sie Ihrem Hund dann und wann ein Stückchen Futter zu, wenn Sie mit ihm draußen sind? Zum Beispiel als Belohnung für das Herbeikommen auf Ruf oder weil er so schön „Sitz“ gemacht hat, als ein Jogger vorbeilief? Eine gute Idee! Aber Sie können Ihre Futtergabe noch viel spannender gestalten, denn ein Leckerli aus der Hand ist mit einem Haps verschlungen. Viel vergnüglicher wird es, wenn Ihr Hund danach schnüffeln, wühlen, graben oder sich strecken und recken darf. Auf diese Weise lässt sich auch hervorragend ein Teil der Tagesration verfüttern! Lassen Sie sich inspirieren: Die hier vorgestellten Verstecke sind nur ein kleiner Teil dessen, was am Wegesrand und im Garten alles machbar ist. Sie werden sehen: Einfacher geht es kaum, Ihren Hund draußen zu beschäftigen.

EXTRA: Suche mit Anlaufschwierigkeiten?

- Sie wissen nicht, wie Sie Ihrem Hund verständlich machen können, dass er sich jetzt auf die Suche machen soll? Praktisch ist es, wenn Ihr Hund bereits ein Suchsignal kennt. Ab Seite 51 können Sie nachlesen, wie Sie es gezielt einüben können. Zwingend notwendig ist das aber nicht. Die meisten Hunde deuten es richtig und beginnen ebenfalls zu suchen, wenn Sie auf das Versteck zeigen und sich mit interessiertem oder suchendem Gesichtsausdruck davor stellen. Hilfreich ist es am Anfang, den Hund beim Verstecken des Futters zuschauen zu lassen. Je ungeübter und vorsichtiger der Hund, umso attraktiver sollte das versteckte Futter sein. Auch hilft es dem Erfolg auf die Sprünge, zunächst leichte Verstecke zu wählen und dort gleich mehrere Stücke Futter zu verstecken. Was Sie niemals tun sollten: Hand anlegen und Ihren Hund buchstäblich mit der Nase auf das Versteck stoßen – das würde ihm den Suchspaß gründlich verderben.
- Ihr Hund kann draußen nicht fressen? Das ist gar nicht so selten: Es gibt eine Menge Hunde, die draußen zunächst kaum Futter annehmen. Meist liegt es daran, dass sie zu aufgeregt sind. Wenn das der Fall ist: Beginnen Sie Ihre Suchspiele in einer vergleichsweise ruhigen Umgebung, zum Beispiel zunächst im Garten oder auf einem Spazierweg, der Ihren Hund nicht so „rappelig“ macht. Setzen Sie für den Anfang besonders gut duftende und besonders viele Leckerlis ein. Tipps dazu finden Sie im Kapitel „Alles Futter, oder was?“ ab Seite 22. Kommt Ihr Hund erst einmal auf den Geschmack, wird er sich auch auf den ganz

Abtauchen im Laub: Das Stöbern nach Futter ist ganz nach Hunde-Art.

normalen Spazierwegen besser auf die Versteckspiele einlassen können. Und er wird davon profitieren: denn das Schnüffeln trägt dazu bei, ihn ruhiger werden zu lassen.

Stöberspaß im Laubhaufen

Ein echter Dauerbrenner, der einfacher kaum geht: Lassen Sie ein oder mehrere Bröckchen Futter im trockenen Laub verschwinden – und fertig ist der Stöberspaß. Im Blätterwald ist das Futter sofort unsichtbar und es gibt ordentlich was zu schnüffeln und zu wühlen. Das ist aus Hundesicht nicht nur ein ganz besonderes Vergnügen: Wenn die Vierbeiner durch tiefes Laub stapfen, dann ist das gleichzeitig wie Gymnastik für sie. Übrigens: Laubhaufen finden Sie nicht nur im Herbst. In Laubwäldern werden Sie rechts und links Ihrer Wege immer wieder auf Stellen stoßen, die ganzjährig mit einer dicken Schicht aus trockenen Blättern bedeckt sind.

Laubschnüffel-Starthilfe

Legen Sie zunächst mehrere Bröckchen besonders gut duftendes Futter eher *auf* das Laub als *hinein*. Lassen Sie Ihren Hund dabei zuschauen. Es wird nicht lange dauern, dann weiß Ihr Hund, was gemeint ist, wenn Sie auf einen Laubhaufen deuten und ihn dorthin auf die Suche schicken. Er wird dann auch beharrlich einen großen Laubhaufen nach einem einzigen Keks durchstöbern.

Hier klettern gleich alle mit: Auch auf dem Stadtspaziergang finden sich genügend Möglichkeiten, Schnüffeln und Turnen zu verbinden.

Outdoor-Schnüffel-Fitnesscenter

Schnüffeln und Hundeturnen in einem: Beziehen Sie Böschungen, lichtes Unterholz (ohne Dornen!), Rampen oder Treppen in die Futtersuche mit ein. Ein echtes Outdoor-Fitnesscenter, in dem Körperkoordination und Geschicklichkeit gefragt sind. Übrigens: Wenn Ihr Schnüffler gleichzeitig klettern, sich ausbalancieren und alle Viere koordiniert einsetzen muss, dann trainiert das nicht nur die Muskeln. Auch der Kopf bekommt etwas zu tun – denn ungewohnte Bewegungsabläufe bringen die grauen Zellen ordentlich auf Trab. Damit der Fitness-Effekt richtig zum Tragen kommt, verstecken Sie am besten gleich mehrere Futterbröckchen. Keine Angst – Sie selbst müssen dabei nicht auf Klettertour gehen. Es reicht meist, wenn Sie das Futter einfach ausstreuen oder werfen. Je nach Struktur des Untergrundes ist es dann meist schon „unsichtbar".

Sicher klettern

Auch wenn viele Hunde geschickt sind wie die Bergziegen: Einige müssen das Klettern und Ausbalancieren erst lernen. Sie gewinnen nach und nach an Trittsicherheit. Berücksichtigen Sie das am Anfang und verlangen Sie nicht zu viel Kletterkunst. Gehen Sie generell mit gesundem Menschenverstand an die Sache heran. Steilhänge und andere Klettermöglichkeiten mit Absturzgefahr haben in Ihrem Schnüffel-Fitnessprogramm selbstverständlich nichts zu suchen!

Höhlenforscher in Aktion: Im Schnee darf meist nach Herzenslust gegraben und gewühlt werden.

Nasenspaß für Höhlenforscher

Fast alle Hunde sind begeisterte Höhlenforscher. Sie lieben es, ihre Nasen tief in Mauselöcher, kleine Erdzerklüftungen und Aushöhlungen, knorrige Wurzeln und Baumstümpfe hineinzustecken und eine ordentliche Duftprobe daraus zu nehmen. Sie ahnen es schon: Genau diese Stellen sind wunderbare Schnüffelverstecke! Hier bekommt nicht nur die Nase etwas zu tun: Manchmal muss auch ein wenig mit der Pfote geangelt oder gescharrt werden, damit das Futter zum Vorschein kommt. Das ist genau nach Hunde-Art – und übrigens auch eine tolle Jagdersatz-Beschäftigung, die sehr gut ankommt.

Buddeln – aber vernünftig

Eigentlich muss es nicht extra gesagt werden: Dass Sie Ihren Hund nicht in großen Erdhöhlen oder Felsspalten verschwinden lassen, ist selbstverständlich. Ebenso, dass er keine Tierbauten ausgräbt. Überlegen Sie immer, wo gemäßigtes Scharren und Buddeln erlaubt ist und nicht stört. Verstecken Sie das Futter stets so, dass es für Ihren Hund erreichbar ist und er weder frustriert aufgibt noch einen riesigen Krater graben muss, um daran zu kommen.

Wunderbaum ... schmeckt wunderbar

Dicke alte Bäume mit zerfurchter Rinde oder knorrige Baumstümpfe: Sie bieten jede Menge Versteckmöglichkeiten und sind damit ideal für den Schnüffelspaß. Und damit geht's dann aufwärts: denn so hoch wie der Hund sich recken kann, verstecken Sie Futter. Weil Leckerlis und Rinde oft ähnliche Farben haben, heben sie sich kaum voneinander ab. Da hilft nur eines: Naseneinsatz!

Gut möglich, dass auch die normalen Futterbröckchen in den Zerfurchungen der Rinde Platz finden. Aber noch besser wird's, wenn Sie ein wenig „Klebefutter" im Gepäck haben. Hier schlägt die große Stunde von Hunde-Leberwurst, Scheiblettenkäse und Co. Leckerbissen wie diese haften fast überall! Wenn Sie mögen, schlagen Sie ab Seite 22 im Kapitel „Alles Futter, oder was?" nach. Dort finden Sie weitere Anregungen zu Futter mit Klebekraft!

Futter im Baum ... das glaub ich kaum

Für manche Hunde scheint es unvorstellbar zu sein, dass Futter auch „oben" versteckt sein kann: Sie nehmen den Duft wahr – und senken sofort ihre Nase, um auf dem Boden danach zu suchen. Helfen Sie Ihrem Schnüffler, indem Sie deutlich auf den Suchbaum zeigen. Sie können anfangs auch direkt auf eine Stelle tippen, an der Futter zu finden ist. Später wird ein kleiner Fingerzeig reichen – und Ihr Hund legt los.

Futter auf Bäumen – das hat man nicht alle Tage! Weil Hardy beim Verstecken zuschauen darf und ihm die menschliche Hand den Weg weist, versteht er trotzdem sofort, worum es geht.

Würstchenstrauch & Keks am Stiel

Wurst, die auf Bäumen wächst, und Sträucher, die mit Keksen vollhängen: Das gibt's nur im Schlaraffenland – und bei Ihnen! Seien Sie sicher: Sie werden zum Helden für Ihren Hund, wenn Sie ihn zu einem Würstchenstrauch führen. Behängen Sie dafür die Zweigspitzen mit Leckereien: Entweder, Sie spießen tatsächlich Wurststückchen auf oder Sie hängen ringförmiges Futter hinein.

Sicherheitstipps

Dass Sie aus einem Dornenbusch keinen Würstchenbaum machen, ist klar. Aber achten Sie besonders in Ihrem Garten auch darauf, keine giftigen (Zier-)Sträucher zu behängen. Dass tatsächlich Pflanzenteile mitgefressen werden, kommt zwar selten vor – aber sicher ist sicher! Informieren Sie sich im Zweifelsfall über das Internet oder ein Pflanzenbestimmungsbuch.

Fast so schön wie Christbaumschmücken – und aus Hundesicht bestimmt wie Weihnachten: der „Würstchenstrauch".

Das erste Mal
Sie dürfen sich auf keinen Fall das überraschte Gesicht Ihres Hundes entgehen lassen, wenn er erstmalig auf einen Würstchenstrauch stößt. Er wird kaum fassen können, was er da vor sich hat. Möglicherweise müssen Sie ihm die übliche Starthilfe geben: Weisen Sie deutlich auf den Strauch und halten Sie Ihrem Hund, falls nötig, sogar einen mit Futter behangenen Zweig vor die Nase.

Sie merken schon: Das ist eine ganz besondere Überraschung – und auch ein bisschen wie Christbaum-Schmücken. Bis tatsächlich ein ganzer Strauch vollhängt, dauert es seine Zeit. Wenn Sie mögen, bereiten Sie so einen Würstchenstrauch gelegentlich im Garten vor, ohne dass Ihr Hund es merkt. Oder Sie lenken ihn auf dem Spaziergang ab, während die Kinder das Schmücken übernehmen.

Natürlich muss nicht immer ein ganzer Strauch voll Futter hängen – das ist auf Dauer sowieso nichts für die schlanke Linie. Wenn Sie allein mit Ihrem Hund unterwegs sind, hängen Sie in einem unbemerkten Moment einfach ein oder mehrere Leckerlis in erreichbarer Höhe in einen Strauch – und laden Ihren Schnüffler dann zur Suche ein.

Hochstapler und Holzgeschnüffel

„Pfoten weg!" heißt es immer dann, wenn es um Klettereien auf Holzstapeln geht. Denn das ist schlichtweg zu gefährlich. „Nase dran!" macht aber Spaß. Es ist normalerweise unbedenklich, die Kopfseiten von Holzstapeln in die Futtersuche einzubeziehen. Die Lücken zwischen den Stammenden lassen sich hervorragend mit Leckerlis bestücken. Sie können ganz unten anfangen – und maximal bis zu einer Höhe gehen, die Ihr Hund gerade noch erreichen kann, wenn er sich auf die Hinterbeine stellt. Achtung: Kaminholz-Stapel eignen sich nicht – sie sind zu instabil.

Holzstapel sind ohnehin attraktiv für neugierige Hundenasen – erst recht, wenn Futter darin versteckt ist!

Hochstapler-Einstiegstipps
Ihr Hund ist noch Holzstapel-Schnüffel-Neuling? Dann verwenden Sie zunächst besonders gut duftende Leckerlis und bestücken Sie damit eine große Anzahl von Zwischenräumen unterhalb der Hunde-Nasenhöhe. Später lassen Sie immer mehr Zwischenräume frei und bestücken auch Verstecke weiter oben, sodass Ihr Schnüffler sich ein wenig strecken und recken muss. Auch, wenn die meisten Hunde nicht auf dumme Gedanken kommen: Bleiben Sie immer in der Nähe und achten Sie darauf, dass Ihr Hund nicht doch einmal auf den Stapel hüpft.

Zaungäste mit Supernase

Mauern und Zäune gibt's bestimmt auch in Ihrem Garten. Und auch, wenn Sie in der Siedlung unterwegs sind, stoßen Sie darauf an jedem Wegesrand. Wenn es passt und niemanden stört: Nutzen Sie sie, um Abwechslung ins Schnüfflerdasein zu bringen! Verstecken Sie Futterbröckchen in den Mauerritzen oder klemmen Sie sie im Zaun ein. Da, wo sich das Futter nicht einklemmen lässt, können Sie es „ankleben": Hunde-Leberwurst und Scheiblettenkäse leisten hier erneut wertvolle Dienste. Wählen Sie Ihre Verstecke ruhig so, dass sich Ihr Hund ein wenig langmachen muss, um ans Futter zu kommen. Vorsicht bei Maschendrahtzäunen – dort bleibt schnell mal eine Hundekralle hängen!

Einstiegstipps für Mauerschnüffler

Ihr Hund ist bislang noch nie an Mauern und Zäunen auf die Suche gegangen? Dann verstecken Sie das Futter für den Anfang erst bodennah und gewinnen Sie erst nach und nach an Höhe. Wenn das Futter über Hunde-Nasenhöhe versteckt wird, sollte es zu Beginn gut sichtbar sein. Tippen Sie ruhig mit dem Finger darauf. Beides motiviert Ihren Hund, sich hochzurecken oder sogar auf die Hinterbeine zu stellen.

Mauern und Zäune, die gibt's wirklich überall. Nutzen Sie sie für Ihre Versteckspiele!

Schnüffeln à la Saison ... und mehr

Schnüffeln Sie sich durch die Jahreszeiten:

- Entdecken Sie im Winter, was man im Schnee alles anstellen kann: Verstecken Sie das Futter im Schneehaufen, versenken Sie es in tiefen Fußstapfen, lassen Sie es in der weichen Schneedecke einsacken oder bauen Sie für Ihren Hund einen Schnüffelschneemann mit hineingedrückten Leckerlis.
- Schnüffeln und Buddeln am (Hunde-) Strand sind im Sommerurlaub der Hit. Im Sand lässt sich so mancher Schatz vergraben – und erschnüffeln!
- Wie wär's mit einer Osterkekse-Suche im frischen Moosteppich?

Schauen Sie, was das Jahr Ihnen bietet. Es ist garantiert voller Schnüffelabenteuer!

Extratipp: Kreativitätstraining für Versteck-Entdecker

Die Welt ist voller Schnüffelverstecke. Es gibt natürlich viel mehr davon, als in ein Buch passen. Wenn Sie Ihrer Kreativität auf die Sprünge helfen möchten: Bleiben Sie einfach irgendwo auf dem Spaziergang oder im Garten stehen. Dann schauen Sie sich um – und nehmen sich vor, im Umkreis von 5 m mindestens zwei neue Versteckmöglichkeiten für Ihre Futtersuchspiele zu entdecken. Seien Sie sicher: Je öfter Sie das ausprobieren, desto schneller werden Sie fündig. Ihr Hund wird begeistert sein – denn ihm bietet die Abwechslung genauso viel geistige Anregung wie Ihnen.

Schnüffelspaß überall: Diese Versteck-Idee fiel Malte unterwegs ein. Leon machte begeistert mit.

Suchspaß für Spielzeug-Fans

Ihr Hund ist ein Spielzeug-Fan und steht darauf mindestens genauso wie auf Leckerlis? Prima! Dann wird es mit Sicherheit ein Riesenspaß für ihn sein, wenn Sie ihm statt des Futters ab und an sein Spielzeug verstecken! Es stehen Ihnen so gut wie alle Verstecke zur Verfügung, die Sie im Zusammenhang mit der Futtersuche bereits kennengelernt haben: Sie können das Spielzeug im Laubhaufen verschwinden lassen, es in Hecken, Zäune und Sträucher stecken oder es in den Kopfenden der Holzstapel verbergen. Sie können es unter eine knorrige Wurzel oder in ein Mauseloch stecken oder es im Schnee verbuddeln. Und so weiter und so fort.

Und wie machen Sie Ihrem Sherlock Schnüffel klar, dass er jetzt nach dem Spielzeug und nicht nach Futter suchen soll? Ähnlich wie bei der Futtersuche ist es auch für die Spielzeugsuche unschlagbar praktisch, wenn Sie Ihren Hund mit einem bestimmten Signalwort auf die Suche schicken können. Sie können ihm das ganz einfach beibringen:

- Überlegen Sie sich vorher, was Sie Ihrem Hund künftig sagen wollen, wenn die Suche nach Spielzeug angesagt ist. Nehmen wir an, das Lieblingsspielzeug Ihres Hundes ist ein Ball – und Sie entscheiden sich dafür, ihn künftig mit „Such Ball!“ auf die Suche zu schicken.
- Zeigen Sie Ihrem Hund sein Lieblingsspielzeug. Geben Sie ihm ein „Bleib“-Signal oder bitten Sie einen zweibeinigen Assistenten, ihn vorsichtig festzuhalten. Dann gehen Sie ein paar Schritte weg und legen das Spielzeug vor den Augen des gespannten Hundes gut sichtbar auf den Boden. Gehen Sie zurück zum Hund und geben Sie ihn frei. Mit Sicherheit wird er es kaum erwarten können, endlich zu seinem Lieblingsspielzeug sprinten zu dürfen. In dem Moment, wenn er von sich aus losläuft, sagen Sie Ihr neues Suchsignal: „Such Ball“. Sie können dabei auch in Richtung des ausliegenden Balles deuten. Freuen Sie sich mit Ihrem Hund, wenn er am Ball ankommt. Wiederholen Sie diesen Ablauf drei Mal. Legen Sie den Ball dabei immer an unterschiedlichen Stellen ab.
- Dann beginnen Sie, das Spielzeug beim Auslegen ein wenig zu verbergen, zum Beispiel hinter einem Grasbüschel oder einem Baum – oder hinter einem Tischbein, wenn Sie im Haus spielen. Der Ablauf ist ansonsten identisch: Der wartende oder festgehaltene Hund darf beim Verstecken zuschauen. Wenn er loslaufen darf, ertönt das neue Suchsignal „Such Ball!“ und Sie zeigen in Richtung des Verstecks. Wiederholen sie das zwei Mal, mit unterschiedlichen, einfachen Verstecken.
- Ab jetzt heißt es „Learning by Doing“: Wann immer Sie Lust haben, verstecken Sie für Ihren Hund das Spielzeug. Er darf dabei nach wie vor zuschauen – und Sie schicken ihn dann

Suchen ist besser als Werfen?

Genau! Denn Versteckspiele fordern Ihren Hund viel mehr als die wilde Hatz auf ein geworfenes Spielzeug. Suchen lastet besser aus, macht ruhiger – und geht auch nicht so auf die Knochen. Selbst spielzeugverrückte Hundesenioren, die keine wilden Sprints mit abrupten Stopps oder halsbrecherischen Sprüngen mehr machen dürfen, können dieses Hobby noch lange ausüben.

Wenn Ihr Hund sein Spielzeug mindestens genauso toll findet wie Futter: Machen Sie was draus und beziehen Sie es in Ihre Suchspiele ein!

mit „Such Ball!“ und einem Fingerzeig los. Wählen Sie anfangs nur einfache Verstecke, damit Ihr Vierbeiner schnell fündig wird. Später darf es dann allmählich schwerer werden. Wenn Ihr Hund sich geschickt anstellt, können Sie auch probieren, verschiedene Verstecke „anzutäuschen“: Dafür tun Sie mehrmals so, als würden Sie das Spielzeug ablegen. Ihr Hund sieht dann zwar, wo es sein könnte – aber in welchem der möglichen Verstecke es tatsächlich landet, weiß er nicht.

- Sie haben das ein paar Tage lang immer mal wieder probiert und alles klappt gut? Dann wagen Sie einen Test: Verstecken Sie das Spielzeug, *ohne* dass Ihr Hund es mitbekommt. Rufen Sie ihn herbei, deuten Sie in Richtung des Verstecks und sagen Sie Ihr Spielzeug-Suchsignal („Such Ball!“). Wenn Ihr Hund jetzt losläuft und das Spielzeug aufstöbert – dann hat er die neuen Vokabeln richtig verstanden und weiß, was Sie meinen. Freuen Sie sich mit ihm! Wenn er sich noch schwer tut – auch kein Problem. Dann darf er eben noch ein paar Tage beim Verstecken zuschauen und bekommt später eine neue Chance.

Extratipp:
Suchspaß auch mit Futterbeutel

Kennt Ihr Hund bereits einen Futterbeutel? Diese mit Leckereien befüllbaren Mäppchen können Sie genauso wie „loses“ Futter oder das Lieblingsspielzeug in Ihre Suchspiele einbeziehen. Wenn der Hund den Beutel aufstöbert und der Mensch ihn öffnet, damit der Hund daraus fressen kann, dann ist das ein schönes Gemeinschaftserlebnis.
Auch Hunde, die eigentlich nicht Spielzeug-interessiert sind, können die Suche nach dem Futterbeutel auf einfache Weise erlernen. Lassen Sie Ihren Hund dafür zunächst entdecken, dass es im Beutel Leckeres gibt. Dafür öffnen Sie den Beutel mehrmals, um Ihren Hund daraus fressen zu lassen. Ihr Hund lernt so nicht nur den Beutel lieben, sondern merkt auch: „Mein Mensch muss ihn mir öffnen.“ Um Ihrem Hund dann ein spezielles Suchwort für die Beutelsuche beizubringen (zum Beispiel: „Such Beutel!“), gehen Sie genauso vor wie bei der Spielzeugsuche beschrieben.
Natürlich ist es für dieses Spiel schön, wenn Ihr Hund schon das Apportieren beherrscht und Ihnen den gefundenen Beutel gleich zurückbringen kann. Notwendig ist das aber nicht: Sie können genauso gut hingehen und den Beutel dann an Ort und Stelle für Ihren Schnüffler öffnen.

Für die Suche nach einem Futterbeutel lassen sich alle Hunde schnell begeistern: Erst lernen sie, dass es im Beutel Leckeres gibt. Dann wird der Beutel vor den Augen des Hundes ausgelegt und der Hund läuft hin. Später kann der Beutel immer schwieriger versteckt werden.

Wassergeschnüffel

Schnüffeln und Wasser – das geht? Aber ja! Die hervorragende Hundenase kann Gerüche auch wahrnehmen, wenn sie aus dem kühlen Nass aufsteigen. Vielleicht haben Sie schon einmal von speziell ausgebildeten Wassersuchhunden gehört? Der Einsatz dieser Profis hat keinen schönen Anlass, ist dafür aber umso eindrucksvoller: Sie können verunglückte Menschen in beachtlichen Wassertiefen orten. Das Geschnüffel mit Ihrem Hund ist natürlich viel vergnüglicher: Dabei darf nach Herzenslust geplantscht werden, und Geschicklichkeit und Mut werden auch noch auf die Probe gestellt. Ein toller Spaß für warme Tage – im Garten und auf dem Spaziergang.

Leckerlis mit Oberwasser

Lust auf ein Schnüffel-Geschicklichkeitsspiel? Dann testen Sie verschiedene Sorten Futter und Leckerlis auf ihre Schwimm-Eigenschaften. Einige gehen unter, die anderen schwimmen oben. Und genau letztere benötigen Sie für dieses Spiel:

Wasserscheu? Dann erst recht!
Ihr Hund ist absolut wasserscheu und Sie wollten schon gerade zum nächsten Kapitel springen? Halt, bleiben Sie hier! Spezielle Wassermuffel-Schnüffeltipps zeigen Ihnen, wie Sie auch Ihrem Hund das kühle Nass schmackhaft machen. Warum sich das lohnt? An jeder bewältigten Herausforderung wird Ihr Vierbeiner wachsen – und der Beschäftigungseffekt dabei ist enorm!

- Füllen Sie eine Schüssel oder Kunststoffbox mit Wasser.
- Nehmen Sie schwimmende Futterbröckchen und lassen Sie sie zu Wasser.
- Dann darf Ihr Hund ran. Seine Aufgabe: Schnüffeln und Fressen!

Das klingt einfach, verlangt aber ein bisschen Geschicklichkeit. Denn viele Hunde müssen sich in der Technik erst üben, die auf der Oberfläche schwimmenden und etwas glitschigen Leckerlis aus dem Wasser zu fischen. Das kann ziemlich feuchtfröhlich werden! Schnüffeltechnisch wird es dann richtig interessant, wenn Sie das Hundeauge überlisten:

Weil Hardy eigentlich wasserscheu ist, stellt selbst das Herausfischen der unsinkbaren Leckerlis für ihn eine Herausforderung dar. Er schafft es – und ist sichtlich stolz.

Starthilfe für Wassermuffel und Angsthäschen

- Starten Sie mit einem vergleichsweise kleinen und vor allem flachen Behältnis. Manche Hunde bringt es auch in Fresslaune, wenn Sie zunächst ihren Futternapf verwenden.
- Bedecken Sie zuerst nur den Boden mit Wasser – und zwar so, dass das Futter gerade noch aufliegt und noch nicht schwimmt.
- Klappt das gut? Dann lassen Sie allmählich den Wasserspiegel steigen. Danach können Sie auch auf ein größeres Behältnis wechseln.

wenn zum Beispiel

- Leckerlis und Behältnis eine ähnliche Farbe besitzen,
- Ihr Behältnis transparent ist und Sie es auf einen Untergrund stellen, vor dem das Futter kaum noch ins Auge fällt (zum Beispiel auf einen Gartenweg aus Kies),
- die Bröckchen klein und das Behältnis groß sind.

Schnüffelnase auf Tauchstation

Schnüffeln mit Erfrischung und Mutprobe – das alles ist garantiert, wenn Ihr Vierbeiner auf Tauchgang geht! Sie brauchen dafür

- eine wassergefüllte Schüssel oder Kiste,
- Futter, das nicht schwimmfähig ist, sondern zu Boden sinkt!

Das Futter versenken Sie dann im Behältnis. Die besondere Herausforderung für

Erst schnüffeln, dann tauchen: Die Futterbröckchen verschwinden nicht nur im Wasser – je nach Farbe sind sie auf dem Untergrund auch nahezu unsichtbar. Kiwi übt erst mit wenig Wasser. Mit zunehmendem Mut darf auch der Wasserspiegel steigen.

Ihren Hund: Um an die erschnüffelten Leckerlis zu gelangen, muss er – je nach Wassertiefe – zumindest seine Schnauze komplett unter Wasser halten!

Wenn Ihr Hund ein Spielzeug-Fan ist, können Sie natürlich auch Ball und Co auf Tauchstation schicken!

EXTRA: Tauchkurs für Anfänger

- Bauen Sie die ersten Tauchgänge Ihres wasserscheuen oder skeptischen Vierbeiners genau so auf, wie im Schnüffeltipp zum vorherigen Spiel „Leckerlis mit Oberwasser“ beschrieben: Sie starten mit ganz wenig Wasser in einem flachen Behältnis und lassen allmählich den Wasserspiegel steigen – immer so, dass Ihr Hund gut klar kommt!
- Achten Sie bei den ersten Tauchgängen darauf, dass das am Boden liegende Futter (oder Spielzeug) optisch sehr gut zu erkennen ist. Sein Anblick wird Ihren Hund zusätzlich anspornen.
- Verlangen Sie nicht zu viel: Für einen wasserscheuen Hund ist es eine tolle Leistung, wenn die Nase bis zu den Augen ins Wasser eintaucht. Wasserratten können natürlich auch weiter gehen – das ist aber kein Muss.

Schiff ahoi!

Jetzt wird's richtig bunt und fröhlich: Das Futter wird diesmal von Ihnen verschifft! Sie brauchen dafür

- eine wassergefüllte Schüssel oder Kiste,
- ein paar „Schiffe“ und „Flöße“, zum Beispiel Badeschiffchen, Plastikschälchen, flache Frischhalteboxen oder auch deren Deckel, Papierschiffchen,
- einige leckere Futterbröckchen.

Ihre Schiffe und Flöße beladen Sie jeweils mit mindestens ein oder zwei Futterbröckchen und lassen sie zu Wasser. Jetzt darf Ihr Hund ran.

Sie werden sehen: Das erste Aufspüren der Leckerli ist für ihn das kleinste Problem. Die eigentliche Herausforderung: an die kostbare Fracht auf den schwankenden Wasserfahrzeugen zu gelangen. Mal sind sie einfach nicht zu fassen, mal läuft Wasser hinein (was das Herausholen des Futters noch schwieriger macht), und mal geht

Bootsführerschein für Landratten

- Verwenden Sie für den Anfang sehr kleine und flache Behältnisse mit sehr wenig Wasser darin.
- Lassen Sie Ihren Hund zuerst auf dem Trockenen aus den beladenen Schiffen „probefressen“.
- Wenn Sie ein Schiff zu Wasser lassen: Halten Sie es zu Beginn noch fest. Es darf zwar etwas schwanken, aber nicht wegschwimmen. Erst wenn es Ihrem Hund mehrfach gelungen ist, an das Futter daraus zu gelangen, geben Sie das Schiff frei.
- Steigen Sie nach und nach auf größere Becken um.

Extratipp: Wasserspaß im Pool

Sie und Ihr Hund sind auf den Geschmack gekommen? Für all Ihre Wasserspiele können Sie anstelle der Schüsseln und Kisten natürlich auch Plantschbecken, Wassermuscheln und (angenehm rutschfeste) Hundepools verwenden. Ihr Hund kann, wenn er mag, gleich komplett einsteigen. Außerdem bieten die flachen Becken genügend Platz, sämtliche Wasserspiele zu kombinieren. Wichtig für alle Wassermuffel: Freiwilligkeit wird großgeschrieben! Heben Sie Ihren Hund niemals gegen seinen Willen ins Wasser – es würde seine Abneigung gegen das kühle Nass nur verstärken. Wann immer er ins Becken steigt, dann sollte er das aus freien Stücken tun. Und wenn nicht: Dann gibt es genügend Möglichkeiten, vom sicheren Rand aus fischen zu gehen.

Wasserspaß XXL:
Für Bungee und Leon wird gleich ein ganzer Pool vorbereitet. Bestückt werden Schiffe, Plastikschälchen oder flache Frischhalteboxen. Die beiden Vierbeiner finden es toll – und trauen sich sogar, mit den Vorderpfoten ins kühle Nass zu steigen. Übrigens – auch, wenn alles so harmonisch verläuft wie hier: Haben Sie immer ein Auge darauf, wenn Hund und Kind zusammen in Aktion sind.

das Futter gleich ganz über Bord, sodass doch getaucht werden muss. Schauen Sie, wie Ihr Hund das Problem löst: Vielleicht entwickelt er spezielle Techniken, um die Schiffchen zu entern? Vielleicht kommt er sogar auf die Idee, sie ganz aus dem Wasser zu heben, um sich in Ruhe über das Futter herzumachen? Wie dem auch sei: Für solche cleveren Problemlösungen feiern Sie ihn natürlich!

Suchspaß im Naturfreibad

Raus in die Natur heißt es, wenn Ihr Hund mit dem Wassergeschnüffel in Schüsseln, Kisten und Pools ein wenig warm (und vermutlich auch nass) geworden ist. Kleine Rinnsale, klare Pfützen oder flache Uferbereiche an ruhigen Gewässern eignen sich wunderbar für alle Wasserspiele. Holen Sie sich einfach Anregungen aus den vorherigen Spielanleitungen – und dann kann es losgehen.

Sicherheitstipps für Wasserschnüffler

Klar, dass Sie mit Umsicht an die Sache herangehen: Wählen Sie Ihre Wasserspielplätze so aus, dass für alle Mitwirkenden keine Gefahr besteht. Halten Sie sich fern von Bächen mit starken Strömungen, steil abfallenden Uferkanten oder von Bereichen, für die Sie nicht abschätzen können, wie tief das Wasser ist. Sichern Sie Ihren Hund im Zweifelsfall mit Brustgeschirr und Leine. Nehmen Sie Rücksicht auf die Tier- und Pflanzenwelt in den Uferbereichen. Wenn Kinder mitmachen: Behalten Sie sie bei allen Wasserspielen besonders gut im Auge.

Schnüffeln im Naturfreibad: Hier bekommt der Suchspaß durch die Blätter auf dem Wasser eine ganz besondere Note.

In der Natur auf der Spur

Haben Sie Lust, Ihren Sherlock Schnüffel draußen auf Spurensuche zu schicken? Duftende Pfade aus Futterbröckchen haben Sie vielleicht schon als Nasenspaß fürs Haus ausprobiert. Draußen ist jedoch noch viel mehr möglich als drinnen: Sie können Ihre Spur viel besser „unsichtbar" machen und sie im wahrsten Sinne des Wortes über Stock und Stein legen. Sie können Duftmalereien veranstalten, die drinnen gar nicht denkbar wären. Dank Leberwurst & Co klettern ihre Spuren auch in die Höhe. Und wenn Sie mögen, dann können Sie und Ihr Vierbeiner sogar in die „echte" Fährtensuche nach versteckten Menschen hineinschnuppern.

Tipp
Sie brauchen noch etwas Starthilfe zum Legen von Futterspuren? Im Kapitel „Sherlock Schnüffel auf der Spur" ab Seite 79 finden Sie dazu eine Menge Tipps.

Über Stock und über Stein

Drunter und drüber, bergauf und bergab: Das macht Ihre Futterspur draußen zu einem besonderen Schnüffelspaß. Legen

Egal, wo Sie spazierengehen: Es gibt immer Möglichkeiten, die Futterspur im wahrsten Sinne des Wortes über Stock und Stein zu legen – so, wie hier über eine Treppe oder über einen dicken Baumstamm.

Sie sie über Wege und durch Gräben, über Treppen und Rampen, an Böschungen hoch und runter, oder auch mal durchs Gehölz. Am Ende des Duftpfades wartet eine besondere Leckerei auf den erfolgreichen Schnüffler. Zusätzlich spannend: Je nach Untergrund ist die Spur komplett „unsichtbar" – und Ihr Hund muss sich ganz auf seine Nase verlassen.

Leberwurstspur „Spiderman"

Das geht in keiner Wohnung: Dank Hunde-Leberwurst oder anderer „klebriger" Leckereien wird die Futterspur zum Fassadenkletterer – zum Spiderman, eben. Sie sind völlig frei, wie Sie – Tupfer für Tupfer – den duftenden Pfad für Ihren Hund gestalten: ein Stück über den Boden, ein Mäuerchen hoch und wieder herunter, noch ein paar Meter über den Boden und dann einen Baumstamm hoch, zum Beispiel. Die Spur endet mit einem besonders dicken Tupfer als „Jackpot" und vielleicht noch einem Extra-Leckerli als Überraschung.

Einstiegskurs für Fassadenkletterer

Dass Futterspuren auch in die Höhe gehen können, scheint für viele Hunde anfangs undenkbar zu sein. Gut möglich, dass Sie deshalb Ihrem Vierbeiner etwas auf die Sprünge helfen müssen: Setzen Sie die Tupfer Ihrer Spur an kniffligen Stellen etwas dichter hintereinander. Das ist meistens dort nötig, wo die Spur Bodenhaftung verliert und zu klettern beginnt. Wenn sich Ihr Schnüffler dann an die Verfolgung der Spur macht, zeigen Sie ihm im Zweifelsfall, wo der jeweils nächste Tupfer ist.

Die Klebekraft der Hundeleberwurst macht's möglich: Diese Spur klettert in die Höhe! Weil das für viele Hunde ganz neu ist, benötigen sie anfangs etwas Starthilfe.

Zwei Spurensucher auf dem Würstchenwasserpfad. Auf dem Asphalt ist die gesprühte Spur gut sichtbar – das erleichtert den Einstieg. Je mehr Wurststückchen auf der Spur ausgelegt werden, umso einfacher ist es.

Expedition Würstchenwasser

Wann haben Sie das letzte Mal Bockwürstchen gegessen? Garantiert hatten Sie noch keine Ahnung, welcher Spaß sich noch im Würstchenglas verbirgt. Ab jetzt landet das Würstchenwasser nicht mehr im Ausguss, sondern in der Sprühflasche – oder in der Wasserpistole. Heben Sie sich dazu noch ein Stück Wurst auf und schneiden Sie es klein. Dann geht's raus aus dem Haus! Aus dem Würstchenwasser sprühen Sie einen duftenden Pfad für Ihren Hund – und der führt geradewegs zu einem Würstchenversteck!

Und so verläuft Ihre Expedition erfolgreich:

- Kurz geschorener Rasen oder sogar Asphalt sind gute Untergründe für den Anfang. Die Spur ist dort meist auch für uns Menschen sichtbar.
- Am einfachsten ist es, wenn die Spur vergleichsweise gerade verläuft. Würstchenwasser-Profis können später mit Kurven und Winkeln experimentieren.
- Markieren Sie den Anfang der Spur mit einem Stückchen Wurst. Legen Sie als kleine Motivation auch das eine oder andere Wurststückchen auf die Spur: am Anfang mehr, mit zunehmender Routine immer weniger.
- Verbergen Sie Ihren Würstchen-Jackpot am Ende so, dass Ihr Hund ihn nicht von Weitem schon sehen kann – er wird sonst direkt hinsprinten.
- Führen Sie Ihren Hund dann an den Anfang der Spur und machen Sie ihn auf das dort liegende erste Wurst-Stückchen aufmerksam. Normalerweise läuft dann alles Weitere von selbst. Begleiten Sie Ihren Schnüffler auf der Spur. Wenn er unsicher wird, zeigen Sie ihm, wo er weiter suchen soll – auch deshalb ist es für den Anfang sehr praktisch, wenn Sie selbst erkennen können, wie die Spur verläuft.

Tipp

Würstchenwasser ist schnell aufgebraucht! Wer eine richtig lange Duftspur versprühen will, verdünnt es deshalb vor dem Abfüllen mit Leitungswasser.

Snow White

Mensch verschwunden! Schnüffelprofi im Einsatz

Haben Sie auch schon einmal fasziniert dabei zugeschaut, wie Hunde eine Fährte verfolgen? Oder über Zeitungs- oder Fernsehberichte von Profischnüfflern gestaunt, die Spuren vermisster Menschen aufnehmen, auch wenn sie bereits Stunden oder Tage alt sind? Uns Zweibeinern erscheint das wie eine Geheimwissenschaft. Aber: Auch Ihr Sherlock Schnüffel ist dafür Experte! Er wird Ihnen das gerne auf dem nächsten Sonntags-Spaziergang beweisen:

- Was Sie dafür brauchen: Außer Ihnen mindestens eine Begleitperson, die Ihr Hund gerne mag, dazu eine schmackhafte Futterbelohnung oder das absolute Lieblingsspielzeug. Weil beim engagierten Suchen meist Zug auf der Leine entsteht, trägt Ihr Vierbeiner ein Brustgeschirr. Wenn Sie und Ihr Hund die Arbeit mit einer Schleppleine gewöhnt sind, können Sie diese verwenden. Ansonsten benutzen Sie für die ersten Versuche Ihre ganz normale Leine.
- Irgendwann auf dem Spaziergang bleiben Sie stehen. Ihre Begleitperson zeigt dem Vierbeiner nun, dass sie eine besondere Leckerei oder das Lieblingsspielzeug in den Händen hält. Damit geht sie dann ein Stück voraus. Sie müssen Ihren Hund jetzt gut festhalten, denn ganz bestimmt will er unbedingt hinterherlaufen. Sprechen Sie ihn nicht an und geben Sie ihm keine

Ein guter Start: Die Leckerbissen in den Händen von Malte und Merle findet Darcy hoch interessant. Noch spannender wird's, wenn die Kids damit weglaufen und sogar außer Sicht verschwinden. Um es Darcy leicht zu machen, wählen die beiden zuerst ein ganz einfaches Versteck.

Kommandos: dass er seine Aufmerksamkeit nun ganz auf die weggehende Person richtet, ist perfekt!
- Nun wird's spannend! Nach etwa 30 Schritten verlässt Ihre Begleitperson rechtwinklig den Weg: Sie schlägt sich nach rechts oder links in die Büsche oder verschwindet um eine Ecke, sodass der Hund sie nicht mehr sehen kann. Nach ein paar Schritten hockt sie sich dann hin und wartet ganz still.
- Jetzt geht's los: Mit Sicherheit wird Ihr Schnüffler darauf brennen, endlich hinterher zu dürfen! Schließlich will er den „verschwundenen" Freund mitsamt Futter oder Spielzeug wiederfinden. Dafür wird er alle verfügbaren Sinne einsetzen – auch die Schnüffelnase! Sie brauchen jetzt einfach nur die Leine locker lassen und Ihrem Hund folgen. Ist er am Ziel angekommen, wird er gefeiert und belohnt!

Und: Was sagen Sie jetzt? War doch ganz einfach, oder?

! EXTRA: Schnüffelnase mit Anlaufschwierigkeiten?

Seien Sie beruhigt: Es hat nichts mit mangelndem Talent zu tun, wenn die Spurensuche auf Anhieb nicht so gut klappt. Meist liegt es daran, dass Ihrem Vierbeiner das Spiel noch so neu ist. Das können Sie tun, wenn Probleme auftreten:
- Es passiert erstaunlich selten, dass Hunde die Stelle überrennen, an der die zu suchende Person abgebogen ist. Meist ist dann schlichtweg Aufregung der Grund. Klar, dass

Darcy kann es kaum erwarten, bis es endlich losgeht. Fr läuft los und findet die Kids. Zur Belohnung gibt's ein großes Hallo – und ein paar leckere Kekse.

Sie deshalb nicht schimpfen. Bleiben Sie einfach stehen, machen Sie selbst einen Schritt in die richtige Richtung und helfen Sie Ihrem Schnüffler wieder auf den rechten Weg.

- Und wenn Ihr Hund einfach ratlos da steht und so gar nicht recht weiß, was zu tun ist? Auch in diesem Fall helfen Sie ihm liebevoll auf die Sprünge. Ermuntern Sie ihn, mitzukommen. Begeben Sie sich selbst ganz demonstrativ auf die Suche. Im Zweifelsfall spüren Sie die verschwundene Person eben gemeinsam auf!
- Und wenn alle Stricke reißen: Dann „versteckt" sich Ihre Begleitperson zunächst so, dass Ihr Hund sie so gerade noch sehen kann. Auch wenn er seine Nase dabei noch nicht einsetzt: Das Prinzip des Spiels wird er begreifen!

Es gilt: Neues Spiel, neues Glück. Nach ein paar Wiederholungen sieht die Welt schon ganz anders aus – bestimmt!

Wenn Sie und Ihr Hund auf den Geschmack gekommen sind: Lassen Sie doch öfter mal einen Freund oder ein Familienmitglied „verschwinden". Sorgen Sie dafür, dass die Wege allmählich weiter und die Verstecke etwas kniffliger werden. Und wenn Sie aus dem Blitzeinstieg ein richtiges Hobby für Ihren Hund machen wollen: Am Ende des Buches gibt's Tipps für weiterführende Anleitungen – Spaß ohne Grenzen für Sie und Ihr Schnüffeltalent!

EXTRA:
Einige Extratipps für Spurensucher

- Wundern Sie sich nicht, wenn Ihr Schnüffler nicht ständig die Nase am Boden hält, anscheinend nicht genau auf der Spur läuft oder sogar den Weg abkürzt! Gerüche werden nämlich buchstäblich vom Winde verweht. Ohnehin benutzen Hunde, wenn sie etwas suchen, normalerweise zuerst ihre Augen, wittern dann mit erhobener Nase und schnüffeln als letzte Möglichkeit mit gesenktem Kopf am Boden.
- Seien Sie darauf gefasst, dass Ihr Hund einen schnellen Sprint hinlegen möchte,

Auch talentierte Schnüffler müssen das neue Spiel erst kennenlernen.

Die Nase im Wind: Gesucht wird nicht nur mit gesenktem Kopf.

wenn Sie ihn freigeben. Damit Sie nicht von den Füßen gerissen werden und Ihr Hund nicht abrupt in die Leine „knallt", halten Sie diese am besten von Anfang an etwas auf Spannung. Wenn Kinder mitspielen: Je nach Kraft und Temperament des Hundes halten die Erwachsenen die Leine und die Kids verstecken sich. Sie können Ihren Hund natürlich auch ohne Leine suchen lassen. Das sollten Sie allerdings nur dann tun, wenn Sie sich sicher sind, dass er nicht unkontrolliert auf und davon läuft.

- Sie haben Bedenken, sich Ihre sorgfältig trainierte Leinenführigkeit kaputt zu machen, wenn Sie Ihren Hund bei der Spurensuche ziehen lassen? Abhilfe schafft ein Signal, das Ihrem Hund mitteilt „Jetzt ist Ziehen erlaubt". Profis ziehen ihren Vierbeinern deshalb ein anderes Geschirr über oder verwenden eine andere Leine als sonst. Wenn es Ihnen wichtig ist, können Sie das auch tun. Oder aber Sie nutzen einen alten Trick aus dem Leinenführigkeitstraining: Wann immer Ihr Hund ziehen darf (Sie also nicht auf Leinenführigkeit achten), binden Sie ihm ein Halstuch um.
- Eigentlich ist das Spiel für Ihren Hund selbsterklärend: Jemand geht vor seinen Augen weg, versteckt sich – und er darf hinterher. Wenn Sie mögen, können Sie zusätzlich ein spezielles Signalwort nur für die Spurensuche einführen. Wenn Ihr Hund das Versteckspiel ein paar Mal probiert hat und versteht, wie es funktioniert, dann geben Sie ihm einfach ein beliebiges Wort mit auf den Weg, wenn er losläuft. Das sollte anders sein als die Signale, die Sie für die Suche nach Futter oder Spielzeug vielleicht schon eingeführt haben. Vielleicht sagen Sie einfach „Spur!", oder Sie verwenden das englische „Trail!" (= Spur), oder ein französisches „Cherche!" (ausgesprochen: „Schersch" = Such!)? Ganz, wie Sie mögen.

Sechs Beine auf Schatzsuche

Auf Schatzsuche geht Ihr Hund bestimmt öfter: immer dann, wenn Sie ihm Futter oder Spielzeug verstecken und er danach stöbern darf. Und Sie? Haben Sie auch schon einmal mitgesucht? Wahrscheinlich nicht, denn Sie kennen ja immer die Verstecke. Wenn Sie Lust haben, machen Sie das auf einem der nächsten Spaziergänge doch mal anders. Wenn der Mensch nicht weiß, wo der Schatz verborgen ist, ergeben sich ganz neue Spielvarianten.

Tipp
Schatzsuchspiele machen draußen besonders viel Spaß, weil die Versteckmöglichkeiten dort so vielfältig sind. Mit Ausnahme des Geocachings (Anleitung ab Seite 120) können sie aber auch in der Wohnung gespielt werden.

Ein Schatz für Hund und Mensch – und keiner von beiden sieht, wo er versteckt wird. Im Team geht's deshalb auf die Suche.

Schatzsucher im Doppelpack

Jetzt ist Teamwork gefragt: Weder Hund noch Mensch kennen das Versteck – und machen sich gemeinsam auf die Suche. Ein schönes Stück Beziehungsarbeit! Alles, was Sie dafür brauchen: einen Hund, einen Schatz und mindestens zwei verspiele Menschen. Und so geht's:

- Vereinbaren Sie, wer den Schatz versteckt (wer also der Verstecker ist) und wer ihn mit dem Hund suchen darf (und damit das Schatzsuch-Team bildet).
- Dann wird der Schatz vorbereitet: Als Schatzkiste eignet sich am besten eine gut verschließbare kleine Frischhaltebox. Sie ist einfach zu verstecken und verhindert, dass der Hund sich selbst bedient. Befüllen Sie die Box mit einer Leckerei für den Hund und einer süßen Überraschung für den menschlichen Schatzsucher.
- Bevor die Schatzkiste versteckt wird, darf der Hund an ihrem Inhalt schnuppern – das wird ihn motivieren, eifrig mitzusuchen.

Neugierige Nase?

Der Hund ist kaum ablenkbar und probiert hartnäckig, beim Verstecken der Schatzkiste zuzuschauen? Kein Problem! Der Schatzverstecker täuscht dann einfach mehrere Verstecke an: Vor und nach dem tatsächlichen Versteckvorgang tut er mehrmals so, als würde er den Schatz ablegen. Der Hund hat dann keine Ahnung, wo sich die Kiste wirklich befindet. Alternativ kann der wartende Hund auch mit ein paar Leckerlis abgelenkt werden.

Wer zuerst fündig wird, ist ganz egal. Gefreut wird sich sowieso gemeinsam – und jeder bekommt seinen Teil vom Schatz!

Die Spannung steigt: Was ist wohl drin im Schatzkistchen ...?

Schatzsuche leinenlos?
Ob die Schatzsuche mit oder ohne Leine stattfindet, entscheiden Sie selbst. Wenn Sie befürchten, dass Ihr Hund beim Suchen fortläuft oder mit der Schatzkiste das Weite sucht, halten Sie ihn sicherheitshalber an der Leine.

- Dann geht's ans Verstecken. Das Schatzsuch-Team darf dabei nicht zuschauen.
- Sobald der Verstecker seine Arbeit erledigt hat, geht's für das Schatzsuch-Team los. Damit das Suchgebiet nicht zu groß wird, kann der Verstecker einen Tipp geben, zum Beispiel „Sucht in der Nähe der dicken Eiche" oder „Der Schatz liegt im Bereich der Hecke".
- Das Schatzsuch-Team spaziert nun durch sein Suchgebiet und hält Augen und Nase auf. Die suchenden Blicke des Menschen werden vom Hund meist richtig interpretiert – er wird beginnen, ebenfalls zu suchen. Wer bereits ein Signal für die Futtersuche eingeführt hat (zum Beispiel „Such Futter!"), kann es verwenden.
- Jetzt wird es spannend: Wer findet den Schatz? Ist es der Hund, freut sich der Mensch mit ihm. Wird der Mensch zuerst fündig, ruft er seinen Hund herbei und beide feiern den Fund. Der Mensch öffnet die Schatzkiste – und los geht der geteilte Knabberspaß!

Was tun, wenn alle mal dran wollen?
Wenn Schatzsucher und Schatzverstecker ihre Rollen tauschen möchten oder gleich die ganze Familie mitspielen will, dann brauchen Sie mehrere Schätze. Viel Spaß macht es, wenn jeder vorher zu Hause eine kleine Überraschungskiste packt, die dann unterwegs für ein anderes Schatzsuch-Team versteckt wird.

Bloß nichts verpassen: Ob hier schon der nächste Schatz versteckt wird?

Jetzt sind echte Führhundqualitäten gefragt – denn nur der Vierbeiner darf zuschauen, wie der Schatz versteckt wird.

Blind Date

In diesem Spiel wird Ihr Schnüffler zum Führhund: Ein Schatz wird versteckt – und nur der Hund darf zuschauen! Er führt seinen ahnungslosen Menschen dann zum Versteck:

- Ihr Vierbeiner ist ausgerüstet mit Brustgeschirr und Leine – wie es sich für einen Führhund gehört.
- Bereiten Sie einen Schatz vor: eine Frischhaltebox mit Leckereien für Hund und Mensch, einen Futterbeutel mit Hunde-Leckerlis oder einfach ein paar Kekse oder ein dickes Stück Wurst für den Hund.
- Vereinbaren Sie mit Ihrem Mitspieler, wer den Schatz versteckt (Verstecker) und wer sich führen lässt (Schatzsucher).
- Der Schatzsucher dreht dem Verstecker den Rücken zu. Er darf beim Verstecken nicht zuschauen. Anders der Hund: Der Verstecker zeigt ihm den Schatz und geht damit weg. Mit Sicherheit wird der Hund ihn nicht aus den Augen lassen!
- Ganz demonstrativ und für den Hund gut erkennbar legt der Verstecker den Schatz ab. Der Verstecker kehrt jetzt

Zuschauen ist aufregend!
Gut möglich, dass Ihr Vierbeiner beim Zuschauen zappelig wird und unbedingt hinter dem Verstecker herlaufen möchte. Sprechen Sie ihn jetzt nicht an und geben Sie ihm keine „Kommandos“, denn all das könnte ihn komplett aus dem Spiel bringen. Was Sie außerdem beachten sollten: Damit der Vierbeiner hinter dem Rücken des Schatzsuchers nicht plötzlich Anlauf nimmt und losstürmt, sollte die Leine während des Wartens kurz gehalten werden.

entweder zum Schatzsuch-Team zurück und zeigt dem Hund seine leeren Hände oder aber er geht einfach ein Stück vom Versteck weg. Sie können ausprobieren, was für den Hund besser funktioniert.

- Der Verstecker ruft dem Schatzsucher dann zu, dass die Suche jetzt losgehen kann. Der Schatzsucher darf sich nun umdrehen und lässt die Leine locker. Alles andere wird jetzt von selbst funktionieren: Mit Sicherheit will der Hund sofort zum Versteck. Sein ahnungsloser Mensch muss ihm nur noch folgen.

Kein Problem für Ronja:
Eilig führt sie Laura zum Versteck, die Feinsuche wird gemeinsam erledigt – und schon winkt die Belohnung.

Geocaching: Mit Hund noch schöner

Eine versteckte Dose mit einem kleinen „Schatz“ darin und weder Mensch noch Hund kennen das Versteck: Falls Ihnen dies bekannt vorkommt, liegen Sie richtig. Denn genau das ist auch die Idee des „Geocaching“ (engl., ausgesprochen: „Dschiokäsching“)! Die elektronische Schnitzeljagd hat inzwischen Millionen Fans in aller Welt. Und auch, wenn ihre Erfinder daran sicherlich nicht vorrangig gedacht haben: Es gibt kaum ein Hobby, das Mensch und Hund besser miteinander teilen können! Geocaching

- bietet reichlich Gelegenheit für gemeinsame Streifzüge durch die Natur,
- lässt sich ideal kombinieren mit Spaziergängen und Wanderungen,
- lädt ein zum Entdecken und Erkunden neuer Orte und Umgebungen (und wie wertvoll das aus Hundesicht ist, wissen Sie ja aus dem Kapitel „Entdecker unterwegs: der Spaziergang als Schnüffeltour“ ab Seite 34),
- und vor allen Dingen: Es bietet geteilte Such-Erlebnisse der besonderen Art – wie sie sonst vermutlich in keinem anderen Lebensbereich vorkommen!

Na, geht's gleich los? Die Smartphone-App weist den Weg zum Schatz. Sind die angegebenen Koordinaten erreicht, beginnt die „Feinsuche“, bei der Ihr Hund prima mitmischen kann.

Gefunden! Hier war der Cache unterm Zaun verborgen. Auch wenn Sie ihn vor Ihrem Hund entdecken: Rufen Sie ihn herbei, sodass Sie den Schatz gemeinsam heben können.

Das gehört natürlich dazu: Auch der vierbeinige Schatzsucher darf mal gucken, was in der Dose ist.

Ein typischer Cache: Eine wasserfeste Dose, darin ein Logbuch mit Stift, meist auch ein paar Tauschgegenstände sowie Infos zum Geocaching, falls der „Schatz" einmal zufällig von einem Unbeteiligten gefunden wird.

EXTRA: Geocaching – schnell erklärt

Ein Geocache (Geo = abgeleitet von griechisch „Erde"; Cache = englisch „Versteck") ist im Regelfall ein wasserdichter Behälter, beispielsweise eine Frischhaltebox oder eine Filmdose, in dem sich ein Logbuch sowie meist auch verschiedene kleine Tauschgegenstände befinden.

- Der Verstecker stellt die Koordinaten nebst einer Beschreibung des Ortes und des Schwierigkeitsgrades in eine der bestehenden Online-Datenbanken ein (beispielsweise www.geocaching.com oder www.opencaching.de).
  Andere Geocacher navigieren dann per GPS-Gerät oder per Smartphone-App zu dem Schatz. Die erfolgreiche Suche wird durch Eintrag ins Logbuch dokumentiert. Aus den Tauschgegenständen darf ein Souvenir mitgenommen werden. Allerdings verlangt der Geocaching-Brauch, dass ein anderer Gegenstand als Tauschobjekt zurückgelassen wird. Dann wird der Schatz wieder an genau der Stelle versteckt, an der er gefunden wurde. Auch in der Online-Datenbank kann der Fund vermerkt werden.
- Es gibt verschiedene Arten von Caches: Neben dem „traditionellen/einfachen" Cache, bei dem direkt die Position des Verstecks angegeben ist, gibt es beispielsweise mehrstufige Multi-Caches oder Rätsel-Caches, bei denen die Koordinaten erst durch das Lösen verschiedenster Aufgaben erknobelt werden müssen.
- Caches finden sich inzwischen in allen Teilen der Welt – mit Sicherheit auch in Ihrem Heimatort und vermutlich sogar in Ihrem Spaziergehgebiet.
- Sie wollen mehr über das Geocaching erfahren? Die Webseite www.geocaching.de ist eine gute Informationsplattform!

Während sich das Navigieren zu den Koordinaten des Verstecks für den Hund noch als ganz normaler Spaziergang darstellt, wird's danach spannend: Denn sind die Koordinaten erreicht, ist die „Feinsuche" angesagt. Dann heißt es sich umschauen und so lange im unmittelbaren Umfeld suchen, bis der Schatz entdeckt ist. Und hier schlägt die Stunde der Hunde! Viele von ihnen interpretieren die suchenden Blicke und Bewegungen des

Geocaching-Starthilfe
Um Ihrem Hund den Einstieg zu erleichtern: Machen Sie die Sache spannend. Suchen Sie vorübergehend übertrieben deutlich. Animieren Sie den Vierbeiner mitzusuchen („Wo ist der Cache? Komm, wir suchen den Cache!"). Da Sie bei den ersten Malen den Cache garantiert vor Ihrem Hund finden: Rufen Sie ihn herbei, lassen Sie auch ihn die Dose im Versteck entdecken. Öffnen Sie sie mit viel Brimborium. Zeigen Sie Ihre Freude deutlich. Natürlich darf auch die neugierige Hundenase den Doseninhalt beschnuppern.

Menschen sofort richtig – und suchen begeistert mit. Und so lernen viele Hunde ganz ohne spezielles Training, allein durch das Begleiten des suchenden Menschen, mit nach den Schatzdosen Ausschau zu halten. Das eifrige Tun des Menschen ist für den Hund Ansporn – und die Freude, wenn der Schatz gefunden ist, wirkt wie eine Belohnung. Verstärken können Sie das noch, wenn Sie zur Feier des Fundes eine kleine (Futter-)Belohnung für den Hund springen lassen.

Übrigens: Es verstößt gegen die guten Sitten des Geocachings, dass Außenstehende (beim Geocaching „Muggles" genannt) das Heben des Schatzes mitbekommen. Wählen Sie für die ersten Übungs-Caches mit Ihrem Hund deshalb am besten Verstecke an wenig belebten Orten.

EXTRA: Geocaching hundgerecht
Damit Sie und Ihr Hund die Schatzsuche in vollen Zügen genießen können:

- Achten in den Online-Datenbanken ganz besonders auf die Ausführungen bezüglich Streckenlänge, Schwierigkeitsgrad des Geländes und zeitlichem Aufwand – und richten Sie sich bei Ihrer Auswahl nach Kondition und Gesundheit Ihres Hundes.
- Beginnen Sie sicherheitshalber mit Caches von geringem Schwierigkeitsgrad und tasten Sie sich langsam vor.
- Ist Ihr Hund eher „Land-Ei" oder „Stadthund"? Suchen Sie Caches vor allen in solchen Umgebungen, die Ihren Hund nicht übermäßig aufregen und in denen Sie beide entspannt spazieren gehen können.
- Gerade, wenn Sie sich jenseits von Wegen bewegen: Beachten Sie bestehende Leinenpflichten!
- Wie immer, wenn Sie länger unterwegs sind: Wasser für den Hund nicht vergessen!

Na, was sagen Sie? Wäre das etwas für Sie und Ihren Sherlock Schnüffel? Probieren Sie es aus! Mehr als ein Smartphone und Spaß an kleinen Abenteuern draußen brauchen Sie dafür nicht!

Kamille – find ich gut: ein Schnupperkurs

Wenn Sie schon ein wenig im Buch gestöbert haben, dann wissen Sie: Die vorgestellten Spiele sind allesamt „Selbstläufer“. Sprich: Sie funktionieren auf Anhieb und ohne spezielles Training. Das ist so, weil ausschließlich Dinge im Spiel sind, die Ihren Hund brennend interessieren. Ob spannende Düfte, schmackhafte Leckereien oder das Lieblingsspielzeug – da meldet sich die Nase ganz von selbst zum Einsatz! Für den Alltag ist das perfekt. Einfacher können Sie Ihren Hund nicht beschäftigen und glücklich machen.

Nur für den Fall, dass Sie durch das Ausprobieren zum echten Schnüffelfan geworden sind: Vielleicht juckt es Sie in den Fingern, die Talente Ihres Hundes weiter zu fördern? Dann kommt hier zum Abschluss ein kleines Bonbon für Sie. Kommen Sie mit auf einen Ausflug in die Welt der Profischnüffler: Sie alle wissen von Hunden, die bei der Polizei Geruchsspezialisten für Drogen oder Sprengstoff sind. Wie wäre es, wenn Ihrer zum Kamille-Suchhund wird?

Alles, was Sie für unseren Schnupperkurs brauchen: ein oder zwei Beutel Kamillentee, ein Gläschen mit Schraubverschluss, etwas gutes Futter und eine gehörige Portion Neugier.

Kamille Kamille?

Natürlich können Sie Ihren Hund auch zu einem Spezialisten für jeden anderen Geruch ausbilden (wobei zu hoffen ist, dass Ihnen weder Drogen noch Sprengstoff zur Verfügung stehen ...). Kamille bietet sich deshalb an, weil der Geruch recht milde und den meisten Hunden nicht unangenehm ist. Und: In Form von Teebeuteln lässt sich Kamillenduft extrem einfach beschaffen, ist quasi überall verfügbar und unkompliziert zu transportieren.

Ein Gläschen mit Schraubverschluss, ein paar Teebeutel – dazu noch etwas Futter und jede Menge Spaß: Mehr brauchen Sie nicht, um Ihren Hund zum Kamilleschnüffler auszubilden.

Lektion 1: Kamille ist dufte!

Ihr Hund ist der geborene Kamilleschnüffler: Mit seiner Supernase könnte er auf Anhieb jeden Hauch von Kamillengeruch aufspüren. Bloß hat er dazu im Moment noch keinen Anlass: denn mit ziemlicher Sicherheit ist Kamille für ihn ein Duft von vielen – ganz ohne besondere Bedeutung. Das zu ändern, ist Ihre erste Aufgabe. Bringen Sie Ihren Hund auf den Geschmack. Helfen Sie ihm, dass er künftig förmlich darauf brennt, Kamille aufzustöbern. Sie müssen dazu nur ein wenig schauspielern:

- Rüsten Sie sich mit gutem Futter aus – am besten unbemerkt vom Hund. Das Futter sollte so verstaut sein, dass es schnell griffbereit ist, zum Beispiel in einer Gürteltasche. Füllen Sie einen oder zwei Teebeutel in Ihr Glas und schrauben Sie es zu. Suchen Sie sich ein ruhiges Plätzchen mit wenig Ablenkung, draußen oder im Haus.
- Ihr Hund ist bei Ihnen – auch mit seiner Aufmerksamkeit? Dann ist jetzt Ihr schauspielerisches Talent gefragt: Holen Sie vor seinen Augen das Kamilleglas hervor. Betrachten Sie es mit großem Interesse. Schrauben Sie dann den Deckel ab und schnuppern Sie in das Glas hinein. Das, was Sie riechen, bringt Sie sichtbar in Verzückung: „Hmmm!" Schnuppern Sie gleich noch einmal: „Hmmm!"
- Wetten, dass Ihr Hund brandneugierig darauf ist, was Sie da haben? Er wird es kaum erwarten können, ebenfalls eine Duftprobe nehmen zu dürfen. Genau das ermöglichen Sie ihm jetzt: Halten Sie ihm das geöffnete Glas hin – und zwar so, dass er den Kopf ein wenig zum Glas hinstrecken muss. Ganz wichtig: Das Glas darf dem Hund nicht ins Gesicht geschoben werden!
- Nun müssen Sie schnell sein: Sobald der Hund mit seiner Nase in die Nähe des Glases kommt und schnuppert, wird er gelobt und erhält sofort ein Stück Futter. Kennt Ihr Hund ein spezielles Markersignal, das erwünschtes Verhalten präzise „markiert" und eine Futterbelohnung ankündigt (zum Beispiel den Clicker)? Dann können Sie es bei dieser Gelegenheit einsetzen. Das Kamilleglas nehmen Sie sofort wieder vom Hund weg.
- Sobald Ihr Hund sein Leckerli verputzt hat und mit seiner Aufmerksamkeit wieder bei Ihnen ist, halten Sie ihm das Glas ein zweites Mal hin: am besten auf die andere Seite seines Kopfes. Wieder sind Sie schnell und belohnen das Interesse des Hundes mit Lobwort (oder Markersignal) und Futter.
- Jetzt werden Sie noch einmal zum Schauspieler: Mit ernstem Gesichtsausdruck riechen Sie erneut an der Kamille: „Hmmm!" Wenn Ihr Hund ein „Bleib"-Signal beherrscht, geben Sie es ihm jetzt. Ansonsten bitten Sie einen netten menschlichen Assistenten, Ihren Hund vorsichtig festzuhalten. Anschließend tragen Sie das Glas wie einen kostbaren Schatz ein paar Schritte weg. „Bremsen" Sie Ihren Hund dabei mit der ausgestreckten flachen Hand – so, als könne er sich nur mühsam beherrschen. Vorsichtig stellen Sie das Glas auf den Boden – gut sichtbar für den Hund. Verhalten Sie sich exakt so, als würden Sie einen saftigen Braten vor den Augen des wartenden Hundes wegtragen und dann auf dem Boden ablegen. Seien Sie sicher: Ihr Hund

Hmmm, was für ein Duft! Wenn der Mensch derart verzückt am Kamilleglas riecht, kann kaum ein Hund widerstehen. Sobald sich die neugierige Nase zum Glas reckt, gibt's eine Belohnung. So lernt jeder Hund den Kamilleduft zu lieben.

Und noch einmal ist Schauspielkunst gefragt: Wetten, dass auch Ihr Hund sofort zum Glas läuft, wenn Sie es mit großen Gesten wie einen kostbaren Schatz wegtragen? Auch das wird sofort belohnt!

wird sich nichts sehnlicher wünschen, als endlich hinlaufen zu dürfen!

- Das darf er dann auch tun. Treten Sie vom Kamilleglas weg, ein paar Schritte zur Seite. Geben Sie Ihren wartenden Hund frei und schicken Sie ihn mit einer auffordernden Geste in Richtung Glas. Garantiert wird er direkt hinlaufen. Wieder müssen Sie schnell sein. Sobald Ihr Schnüffler am Glas ankommt, feiern Sie ihn mit Lobwort (oder Markersignal) und Futter.
- Wiederholen Sie diesen Ablauf (Hund wartet, Sie stellen das Glas ab, er läuft hin) genau so noch ein weiteres Mal. Platzieren Sie dabei aber das Glas an einer anderen Stelle, damit es für Ihren Hund interessant bleibt. Feiern und belohnen Sie ihn, wenn er am Glas ankommt und beenden Sie die Spieleinheit. Nach einer längeren Pause oder am nächsten Tag können Sie dann mit Lektion 2 weitermachen.

Ihr Schnüffler ist nun auf dem besten Wege zu begreifen, dass Kamillengeruch tatsächlich etwas Tolles ist: denn wann immer er eine Nase davon nimmt, wird er fürstlich dafür belohnt! Aus dem ersten neugierigen Interesse wird nun mehr. Die erste Stufe der Karriereleiter zum Kamilleschnüffler ist erklommen!

„Frauchen, wann geht's weiter?" Kamilleschnüffeln macht Lust auf mehr!

Lektion 2: Kamille, versteck dich!

Das Interesse Ihres Hundes am Kamillenduft vertiefen Sie nun weiter. Er soll verinnerlichen, dass es sich lohnt, zum offenen Kamilleglas zu laufen – auch dann, wenn es ein wenig versteckt steht und er danach suchen muss:

- Stellen Sie zunächst noch ein paar Mal das Kamilleglas vor den Augen des Hundes ab und schicken Sie ihn dann hin, so wie in Lektion 1 beschrieben. Stellen Sie das Glas allmählich etwas weiter weg. Achten Sie darauf, das Glas jedes Mal an einer anderen Stelle zu platzieren. Es sollte für den Hund immer noch gut sichtbar sein.
- Das klappt gut? Dann darf Ihr Hund als nächste Steigerung dabei zuschauen, wie Sie das Kamilleglas verstecken! Es sollte von seinem Warteplatz aus nicht mehr sichtbar, aber trotzdem gut zugänglich sein (beispielsweise lediglich verdeckt von einem Tischbein oder Grasbüschel). Achten Sie darauf, Ihr Lobwort oder Markersignal möglichst genau dann zu geben, wenn die Hundenase am Glas ist.

Kamilleschnüffler-Trainingstipps

Kurz und abwechslungsreich – so sollte Ihr Kamilleschnüffler-Training ausfallen. Planen Sie maximal vier bis fünf „Durchläufe“ pro Trainingseinheit ein. Wählen Sie nie zweimal hintereinander das gleiche Versteck. Wie schnell Sie in Ihren Schnüffel-Lektionen voranschreiten können, wird Ihnen Ihr Hund selbst mitteilen: Wenn ihm seine aktuelle Aufgabe leicht fällt, gehen Sie ruhig zum nächsten Schritt über. Tut er sich hingegen schwer, überlegen Sie, ob Sie den Schwierigkeitsgrad vorübergehend wieder verringern können.

Ihr Hund kommt gut klar mit den einfachen Verstecken und Sie haben das Gefühl, er weiß genau, wonach er suchen soll? Dann auf zu Lektion 3!

Der nächste Sprung auf der Karriereleiter zum Kamilleschnüffler: Ab sofort wird das Glas etwas verborgen – und vom eifrigen Suchhund aufgespürt.

Lektion 3: Kamillesuche – auf ein Wort

Bislang war das Schnüffelspiel für Ihren Hund selbsterklärend: Sie haben vor seinen Augen das Kamilleglas weggetragen und versteckt – und er durfte dann hinlaufen. Deshalb war Ihre auffordernde Geste vollkommen ausreichend, um Ihren Hund in Gang zu bringen. Sie wollen Ihren Schnüffler später auch dann auf Kamillesuche schicken können, wenn er Ihnen nicht beim Verstecken zugeschaut hat? Dann ist es jetzt an der Zeit, ein spezielles Signal dafür einzuführen:

- Überlegen Sie sich als erstes, was Sie Ihrem Hund künftig sagen wollen, um ihn auf Schnüffeltour zu schicken. Nehmen wir an, Sie würden sich für „Such Kamille!" entscheiden.
- Wenn Sie das nächste Mal Ihr einfaches Versteckspiel aus Lektion 2 spielen, sagen Sie immer dann Ihr neues Signal, wenn Sie das Glas versteckt haben und Ihr Hund sich sowieso gerade auf die Suche machen will. Er wird sich so daran gewöhnen, dass „Such Kamille!" sein neues Startsignal für das Kamilleschnüffeln ist.

Ab jetzt ist das Suchsignal Ihr ständiger Begleiter – auch dann, wenn es allmählich kniffliger wird und Sie die Herausforderungen von Lektion 4 in Angriff nehmen.

Kiwi ist hochkonzentriert und wird garantiert gleich zum Kamilleglas laufen: der perfekte Zeitpunkt für das neue Kamille-Suchsignal.

Lektion 4: Kamille für Überflieger

Nun wird Ihr Schnüffler wirklich zum Suchhund: Zwar darf er beim Verstecken unverändert zusehen, allerdings werden die Verstecke immer schwieriger. Ihr Vierbeiner wird sich nun zunehmend anstrengend müssen, den Kamillenduft aufzuspüren. Ohne Naseneinsatz geht hier gar nichts mehr:

- Täuschen Sie ein oder zwei Verstecke zusätzlich an: Sie tun dort nur so, als würden Sie das Kamilleglas abstellen. Ihr Hund weiß dann nicht, wo es tatsächlich gelandet ist. Für den Einstieg ist es am einfachsten, wenn die „angetäuschten" Verstecke und das tatsächliche Versteck dicht beieinander liegen.
- Verbergen Sie das Glas in den Verstecken besser: Lassen Sie es beispielsweise in Grasbüscheln oder zwischen Laub verschwinden oder platzieren Sie es inmitten anderer Gegenstände (wenn Sie im Haus spielen, zum Beispiel zwischen einigen herumstehenden Schuhen).
- Das klappt gut? Dann probieren Sie aus, anstelle des Glases nur noch den Teebeutel zu verstecken. Den können Sie noch viel besser „unsichtbar" machen und vielfältiger verstecken: Teebeutel lassen sich zum Beispiel an die Zweige eines Strauches hängen, in Mauerritzen drücken oder im Zottelteppich verbergen. Außerdem passen sie in jede Hosentasche und können so unkompliziert für den Suchspaß auf dem Spaziergang mitgenommen werden.

Anstelle des Kamilleglases können später auch nur die Teebeutel versteckt werden.

- Und wenn Sie noch mehr möchten: Spielen Sie ein- oder zweimal Ihr bisheriges Kamillesuchspiel, um Ihren Hund auf den Geschmack zu bringen. Dann lenken Sie ihn kurz ab (zum Beispiel, indem Sie ihm ein Stück Futter werfen, das er sich holen darf) und verstecken schnell den Beutel, *ohne* dass er es mitbekommt. Wenn Ihr Hund wieder mit seiner Aufmerksamkeit bei Ihnen ist, weisen Sie auf das „Suchgebiet“ und schicken den Hund mit seinem Suchsignal (zum Beispiel „Such Kamille!“) auf Kamillesuche. Bei den ersten Versuchen sollten die Verstecke so einfach sein, dass der Hund schnell fündig wird.

Herzlichen Glückwunsch! Sie haben gerade Ihren vermutlich ersten Suchhund erfolgreich ausgebildet. Es hat Ihnen und Ihrem Hund hoffentlich ganz viel Spaß gemacht – und Ihnen beiden vielleicht ein wunderbares neues gemeinsames Hobby beschert.

Sicherheitstipp für Teebeutel-Verstecker

Wenn Sie nicht ausschließen können, dass Ihr Hund den gefundenen Teebeutel nicht doch einmal vor lauter Begeisterung zerreißt oder sogar frisst: Verwenden Sie sicherheitshalber nur Teebeutel, die keine Metallklammern enthalten.

EXTRA: Wie Ihr Hund seinen Fund anzeigt

Sie fragen sich, woran Sie es erkennen können, wenn Ihr Schnüffler den versteckten Kamillenduft tatsächlich aufgespürt hat? Beobachten Sie ihn dafür genau: Er wird es auf seine Weise zeigen, wenn er fündig geworden ist. Man nennt so etwas „Anzeigeverhalten“. Einige Vierbeiner wedeln dann ganz heftig mit dem Schwanz, andere scharren mit der Pfote nach dem Suchobjekt oder probieren sogar, es in die Schnauze zu nehmen. Bestimmt fallen Ihnen noch andere Veränderungen in Körperhaltung und Körperspannung Ihres Hundes auf. Sie können Ihrem Kamilleschnüffler natürlich auch ein bestimmtes Anzeigeverhalten antrainieren. Er kann zum Beispiel lernen, sich beim Auffinden des Kamillengeruchs hinzusetzen oder hinzulegen. Für unseren Kamille-Schnupperkurs reicht das natürliche Anzeigeverhalten Ihres Hundes jedoch völlig aus.

Wann immer Kiwi das Kamilleglas gefunden hat, legt sie sich unaufgefordert hin. Das ist ihr Anzeigeverhalten.

Service

Die Nase noch nicht voll? Lesetipps zum Weiterschnüffeln

Vielleicht haben Sie durch den Kamille-Schnupperkurs Gefallen an ein wenig Spezial-Training gefunden? Oder Sie verspüren generell Lust darauf, über den Tellerrand der ganz einfachen Nasenspiele hinaus zu schauen und Ihr Hobby zu vertiefen? Dafür sind Sie jetzt gut gerüstet! Die beiden folgenden Buchtitel werden Ihnen und Ihrem Hund Freude bereiten:

- Kvam, Anne Lill: Spurensuche. Nasenarbeit Schritt für Schritt. Animal Learn Verlag, 2005. Der Klassiker: Ein tolles Einstiegsbuch in die verschiedensten Disziplinen der Nasenarbeit: Flächensuche, Verlorensuche, Fährtensuche, Geruchsunterscheidung. Hervorragend nachvollziehbare und gut umsetzbare Schritt-für-Schritt-Anleitungen
- Theby, Viviane & Hares, Michaela: Das große Schnüffelbuch. Nasenspiele für Hunde. Kynos Verlag, 2013. Die Schnüffelbibel für alle, die noch mehr wollen und Freude daran haben, sich richtig in die Materie „hineinzufuchsen“. Trainingsanleitungen für alle Disziplinen der Nasenarbeit – vom Einsteiger bis zum Könner. Zusätzlich originelle Nasenspiele für Fortgeschrittene, zum Beispiel Geruchsmemory oder Zaubertricks mit Naseneinsatz.

Es hat Sie fasziniert, wie „anders“ unsere Nasentiere die Welt wahrnehmen. Sie würden darüber gerne noch mehr erfahren?

- Alexandra Horowitz: Was denkt der Hund? Wie er die Welt wahrnimmt – und uns. Spektrum Akademischer

Verlag 2012. Der Titel spricht für sich. Mit gut 400 unbebilderten Seiten zwar jede Menge Lesestoff, aber leicht zu lesen, extrem informativ und extrem interessant.

Wenn Sie Ihrem Hund viel Schnüffelspaß gönnen, dann liegt es Ihnen mit Sicherheit am Herzen, ihm insgesamt ein artgerechtes, glückliches Leben zu ermöglichen:

- Riepe, Thomas: Einfach Hund sein dürfen. Das Hundeleben natürlich gestalten. Verlag Eugen Ulmer 2016. Erfahren Sie, wie Hunde Ihren Tag gestalten würden, wenn Sie frei wählen dürften – und warum es unter anderem ihrem Naturell entspricht, sich einen Teil des Tages schnüffelnd oder kauend mit der Nahrungsbeschaffung zu befassen.
- Sondermann, Christina: Kauspielspaß für Hunde. Verlag Eugen Ulmer 2014. Kauen, Nagen, Schlecken, Auspacken: Diese Aktivitäten stehen bei Hunden ähnlich hoch im Kurs wie der Naseneinsatz – und tun ihnen genauso gut. In diesem Buch erfahren Sie, wie eine spannende Beschäftigung daraus wird!

Und wenn Sie Lust auf noch mehr unbeschwerten Spielespaß im Hunde-Alltag haben:

- Sondermann, Christina: Das große Spielebuch für Hunde – Beschäftigungsideen. Spaß im Hundealltag. Cadmos Verlag 2014. Mehr als 100 einfach umzusetzende Spielideen gegen die Langeweile im Hunde-Alltag: vom Denksport über die Nasenarbeit bis hin zum Wohnzimmer- und Garten-Agility, von Kauspielen bis zum Abenteuer-Spaziergang. Spielbar allesamt zu Hause oder auf dem Spaziergang.
- www.spass-mit-hund.de:
Die Seiten wider die Langeweile und den grauen Hunde-Alltag: mit vielen Spielideen und Trainingsanleitungen ... und Webseite der Autorin.
- Jakob, Anja: Hundespiele für zu Hause. Verlag Eugen Ulmer 2013. Viele Hundespiele, um den Vierbeiner drinnen zu beschäftigen: Von Denk- und Intelligenzspielen bis zu Apportier-Ideen.
- Lenz, Corinna: Hundespielzeug einfach selber machen. Verlag Eugen Ulmer 2013. Viele Ideen, um Hundespielzeug für Zerr- und Laufspiele, Schnüffel- und Suchspiele und Intelligenzspiele selber zu basteln.
- Weiß, Cordula: Hundespiele für unterwegs. Verlag Eugen Ulmer 2015. Zahlreiche Beschäftigungsspiele für jeden Hund und jedes Gelände: Jede Menge Praktisches für die Hunderunde, Bewegungsspiele, Kunststücke, Nasenarbeit.

Was auch immer Sie noch vorhaben:
Ihnen und Ihrem Hund viel Spaß dabei!

Über die Autorin

Christina Sondermann, von Beruf an sich Stadtplanerin, befasst sich seit Jahren mit Beschäftigungsmöglichkeiten für Hunde: als Initiatorin des Internetprojektes www.SPASS-MIT-HUND.de, als Buchautorin und als Seminar-Referentin für Hundebesitzer und Hundetrainer. Ihre Schwerpunkte: einfach umsetzbare, alltagstaugliche Spielideen – hundefreundliche, stressarme Trainingsmethoden – aktuelles Hundewissen.

Bildquellen

Alle Fotos bis auf die folgenden stammen von der Autorin.
Anette Lüke: S. 6 o., 12 u., 19, 37, 89, 92 o. l. und u. r., 95 o., 97 bis auf o. r., 103, 105 o. r., 110, 111, 112, 113, hintere Klappe o. r.
Zoo Zürich, Robert Zingg: S. 47 u.
Christoph Henke: S. 140

Gesucht – gefunden? Stichworte erschnüffeln

Impressum

Bibliografische Information der Deutschen Nationalbibliothek
Die Deutsche Nationalbibliothek verzeichnet diese Publikation in der Deutschen Nationalbibliografie; detaillierte bibliografische Daten sind im Internet über http://dnb.d-nb.de abrufbar.

Wollgrasweg 41, 70599 Stuttgart (Hohenheim)
E-Mail: info@ulmer.de
Internet: www.ulmer.de

Titelfoto: animals-digital/Th. Brockmann
Lektorat: Gabi Franz
Umschlagentwurf: Verlag Eugen Ulmer
Druck und Bindung: Westermann Druck GmbH, Zwickau
Printed in Germany

ISBN 978-3-8001-0919-7

Hier können Sie weiterlesen:

Statt komplizierter Anleitungen und Beschäftigungskonzepten plädiert Thomas Riepe für eine Hundehaltung, die sich mehr am Leben selbstbestimmter Hunde orientiert. Der Autor liefert einfache, naturnahe Ratschläge, wie Sie das Leben Ihres Hundes bereichern können und beschreibt, wie Straßen- oder Ranchhunde ihren Alltag gestalten. Auch Wolfsverhalten wird als Vergleich herangezogen. Sympathische Zeichnungen illustrieren den handlichen Ratgeber.

Einfach Hund sein dürfen.

Das Hundeleben natürlich gestalten. Thomas Riepe. 2016.
112 Seiten, 50 farbige Zeichnungen, kart. ISBN 978-3-8001-3378-9.

Kauspiele wirken stressreduzierend! Erfahren Sie, wie Sie mit Kau-Artikeln, Naturkautschuk-Spielzeugen, Papier und Pappe richtig kreativ werden können: Wilde Basteleien, abwechslungsreiche Füllungen und immer neue Kombinationen machen der Langeweile im Hunde-Alltag ein Ende. Sie werden sehen: Ihr Hund wird seine Snackpakete mit Begeisterung auspacken und sich über die leckere Schlemmerpaste in seinem Kauspielzeug hermachen.

Kauspielspaß für Hunde.

Leckere Beschäftigungsideen einfach selbst gemacht.
Christina Sondermann. 2014. 96 Seiten, 85 Abbildungen,
Klappenbroschur. ISBN 978-3-8001-8292-3.

Ulmer

Ganz nah dran.